开心
玩数学

［英］安娜·克莱伯恩　著
（Anna Claybourne）

杨大地　译

重庆大学出版社

图书在版编目（ＣＩＰ）数据

开心玩数学 / (英) 安娜·克莱伯恩 (Anna Claybourne) 著；杨大地
译. -- 重庆：重庆大学出版社，2024.9. -- ISBN 978-7-5689-4569-1

Ⅰ.O1-49　　中国国家版本馆CIP数据核字第20247ZG999号

版贸核渝字(2023)第020号

开心玩数学
KAIXIN WAN SHUXUE

[英]安娜·克莱伯恩 (Anna Claybourne) 著

杨大地　译

策划编辑：王思楠

责任编辑：姜　凤　　版式设计：马天玲

责任校对：刘志刚　　责任印制：张　策

重庆大学出版社出版发行

出版人：陈晓阳

社址：重庆市沙坪坝区大学城西路21号

邮编：401331

电话：(023)88617190 88617185 (中小学)

传真：(023)88617186 88617166

网址：http://www.cqup.com.cn

邮箱：fxk@cqup.com.cn(营销中心)

全国新华书店经销

印刷：重庆升光电力印务有限公司

开本：787mm×960mm　1/16　印张：9　字数：137千

2024年9月第1版　　2024年9月第1次印刷

ISBN 978-7-5689-4569-1　　定价：48.00元

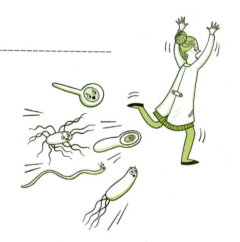

前 言

欢迎你打开《开心玩数学》。这是一本充满思维锻炼、挑战和活力的数学游戏读物，它教会我们动脑动手，玩转数学。

且慢……你说的到底是怎么回事？

数学真有这么重要吗？

众所周知，数学是学校里的一门学科，它也是数学家们研究的对象，数学家们终其一生都在研究解决令人难以置信的数学问题。

但数学的重要性远不止于此！

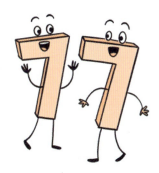

我们必须在学校学习它是有充分理由的——数学是我们日常生活的重要组成部分。你的生活中一直都需要数字，不管你干什么事情，你都离不开它。比如你需要：

数字的世界

数学是科学技术的重要组成部分。我们需要它来让事物运转起来——从飞机起飞到火箭升空，从预报天气到建造不会倒塌的摩天大楼和桥梁，还能确保我们准确地服用适量的药物。

所有这些事情，如果我们不计算就盲目地去做，那将是一场灾难！

飞呀，飞呀，飞起来了！

安排时间去见你的朋友

尝试在一个新的地方找路

按照某个食谱来做晚餐

按照一个模型建造一幢房子

弄清楚你可以花多少钱

当你感到不舒服时，测量一下你的体温

数学还可以玩!

数学不仅重要，而且很有趣，可以让我们玩得很开心。你可以通过玩数字、图形和计算的游戏，来为我们的生活增添快乐，就像这本书中所讲的一样。

> 这又是怎么回事？

我们可以……

可以用一张纸和一支笔来玩游戏

本书中还有"游戏中的科学"板块，它解释了好玩的数学游戏背后的深层原理

你可以在聚会上玩、还可以与学校的同学或一群朋友一起玩

游戏还可以使你在枯燥的长途旅行中得到消遣

这里有单人游戏、双人游戏，还有多人对抗的游戏

准备好玩数学了吗？朝这边走。

目 录

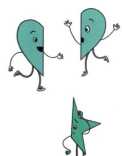

1 精彩的双人游戏

尼姆游戏

本章中的游戏都是双人游戏。
其中许多游戏已经玩了几千年。
让我们从经典的尼姆游戏开始吧!

游戏规则

❶ 游戏开始前，把你的棋子像这样分成四排来摆放：

你需要什么？

◆ 一小块平坦的地面
◆ 16枚棋子。可用硬币、
   小石子、弹珠、糖果，
   或任何你喜欢的东西
   当棋子

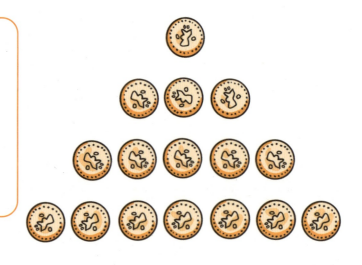

每排放 1，3，5 和 7 枚，加起来共 16 枚!

记住，轮到你时，只能在一行中捡起棋子！

② 现在，两位玩家轮流从某一行中捡起一枚或多枚棋子。你可以想拿多少枚就拿多少枚，但它们必须都来自同一行。

③ 你的目标是成为拿到最后一枚棋子的人。就这么简单！

游戏中的科学

数学家们花了很长时间来研究尼姆游戏的规律。当你玩了几次之后，你会意识到，有一些巧妙的方法可以让你的对手落入你的套路之中。

也试试这个！

尼姆游戏有许多不同的版本。它可以用不同数量的棋子，也可以摆放不同的行来玩。例如，试着玩 3 行 12 枚棋子的游戏，就像这样。

你也可以把输赢的标准反过来，被迫拿到最后一枚棋子的人就是输家，而不是赢家。

六贯棋游戏

要想玩神奇的六贯棋，你需要一个由六边形组成的特殊棋盘。

准备工作

❶ 六贯棋通常是在一个菱形的棋盘上对局，每边有 11 个六边形。两条相对的边是一种颜色，另两条是另一种颜色。看起来就像这样的：

> **你需要什么？**
> ◆ 六边形组成的游戏棋盘（见左图）
> ◆ 两种颜色的棋子，每种大约有 25 枚

4 个转角处的 4 个正六边形同时有两种颜色。

❷ 你可以复制这个棋盘，也可以在一张硬纸板上做出你自己的六贯棋棋盘，如果你有电脑和打印机，你也可以在网络上找到一个六贯棋棋盘并将其打印出来。

> 记住，一个正六边形有 6 条等长的边。

❸ 你还需要准备两种颜色的棋子（每种大约 25 枚），分别与棋盘边上的颜色相同。你可以用塑料棋子，也可以用纸板做成小棋子。

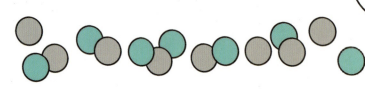

如果你觉得棋子不够用，就多准备一些吧！

游戏规则

❶ 比赛前，双方先各选择一种颜色的棋子，并坐在与棋子颜色相同的棋盘边。

❷ 接下来，两个玩家轮流将自己的一枚棋子放在棋盘上的任意一个格子中。每个玩家的目标是：把自己的两条边连接起来。

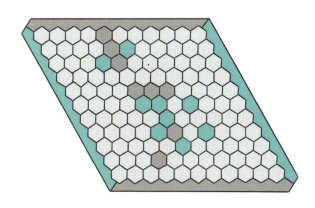

游戏中的科学

六贯棋游戏并不像有的数学游戏那么古老。它发明于 20 世纪 40 年代，至今还不到 100 年。有两位数学家——皮特·海因和约翰·纳什，各自提出了同样的想法。六贯棋游戏很有难度，因为除了要将自己的棋子连成一条线，还得设法阻止对方的棋子连成一条线——当然对方也会试图阻止你！

伟大的天才数学家
往往都有同样的想法！

两款硬币游戏

这个游戏需要两个玩家和一堆硬币。

在第一个游戏中，要减去一个平方数，你还需要知道关于平方数的知识。

平方数数量的硬币可以排成一个方阵！

例如，4 是一个平方数：

还有 9 也是：

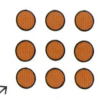

所有的平方数都是某个数字自身相乘的结果。

例如，9=3 x 3。

下面是你在玩游戏时随时会用到的前几个平方数的列表：

1	(1 x 1)
4	(2 x 2)
9	(3 x 3)
16	(4 x 4)
25	(5 x 5)
36	(6 x 6)
49	(7 x 7)
64	(8 x 8)
81	(9 x 9)
100	(10 x 10)

1 也是一个平方数！

减平方数硬币游戏

4 枚硬币

游戏规则

❶ 把任意数量的硬币堆成一堆，然后双方轮流取走硬币。

❷ 当轮到你时，你必须拿走平方数数量的硬币。所以你可以拿走 1、4、9 或 16 枚硬币——甚至 100 枚，如果硬币还够的话。

拿到最后一枚硬币的玩家就是赢家。

游戏中的科学

一旦你面对的硬币少于 20 枚时，这里有一个聪明的策略，就是尽量让对手面对两枚硬币。这样他别无选择，只能拿一枚，然后你就赢了！

两堆硬币游戏

下面是一个类似的游戏，但放在你面前的不是一堆硬币而是两堆。

游戏规则

❶ 你可以把硬币分成两堆。两堆硬币不必一样多。

❷ 在游戏中，每个玩家轮流拿一些硬币。但规则与上面的减平方数硬币游戏有所不同：

◆ 你可以从一堆或两堆硬币中取出一枚或多枚硬币。

◆ 如果你要从两堆中取硬币，你就必须从每堆中取相同数量的硬币。

◆ 获胜者是拿到最后一枚硬币的人。

听起来似乎很简单，但你很快就会发现这个游戏其实超级复杂！

翻棋游戏

这种游戏的历史可以追溯到几千年前，而且新的形式仍不断出现。

准备工作

❶ 这次要在一个每边有 8 个方格，总共 64 个方格的方形网格上玩游戏。用铅笔和尺子在纸板上可以很容易地画出来——你也可以在网上找一个这样的棋盘打印出来。

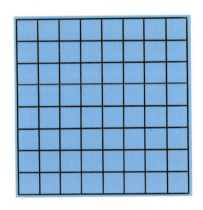

你需要什么？

◆ 纸板

◆ 直尺

◆ 铅笔

◆ 剪刀

◆ 胶水

❷ 另外你还需要 64 枚棋子。每一枚棋子必须一面是黑色的另一面是白色的（也可以一面是蓝色的另一面是黄色的——或任何两种颜色组合）。

用两种不同颜色的纸板剪成圆形，然后粘在一起，做成棋子。

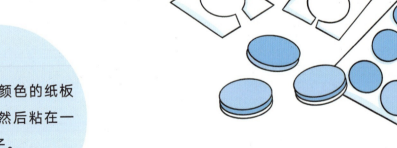

❸ 两个玩家先选择颜色（黑色或白色），再轮流在棋盘上放置一枚棋子，让自己选择的颜色朝上。

游戏规则

❶ 前面 4 步棋的 4 枚棋子必须放在中间的 4 个方格中，黑白交叉，就像这样，才能开始。

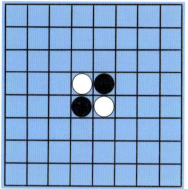

❸ 这时你可以（也必须）翻转"被夹住"的一枚或多枚棋子，把它们转换成你自己的颜色。

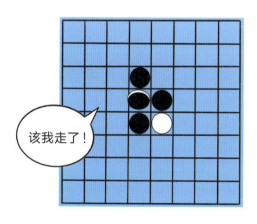

该我走了！

❷ 然后，你每走一步，必须将你对手的一枚或多枚棋子夹在你的棋子之间形成一条直线（垂直、水平或对角线均可）。如下图：

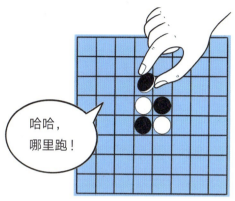

哈哈，哪里跑！

❹ 如果你没有合法棋步可走了，就要停止一个回合。如果双方都没有合法棋步可走，或者棋盘放满了棋子，那么游戏就结束了。

获胜者是在比赛结束时己方颜色的棋子最多的一方。

游戏中的科学

　　每次棋子被夹住时，它就会被翻转——所以每个棋子可能在游戏中被多次翻转。试图尽量夹住对手一长串的棋子。

凯尔斯游戏

凯尔斯（KAYLES）游戏是用一排保龄球瓶来玩的游戏，这个游戏的目标是要将它们都击倒。（其实你甚至一个保龄球都不需要！这就是一排棋子而已！）

你犯规了！

游戏规则

❶ 如果你有保龄球瓶的话，将它们摆成一横排，也可以使用其他物品，如用骨牌或硬纸筒来代替保龄球瓶。

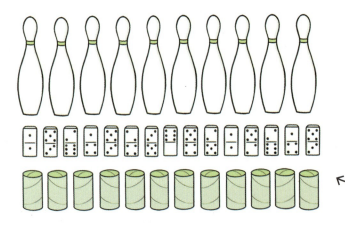

不管多少个保龄球都可以玩，但数量越多，游戏就玩得越久！

❷ 两名选手轮流击倒保龄球瓶。当轮到你时，你可以选择击倒一个保龄球瓶或两个挨着的保龄球瓶。

游戏中的科学

凯尔斯游戏是 1908 年由数学家亨利·杜德尼发明的。这是一个规则很简单的游戏，但需要聪明的策略才能赢！你需要小心尝试，当你最终面对与一个孤立的保龄球瓶或两个相邻的保龄球瓶时，你就能获胜！

❸ 获胜者是击倒最后一个保龄球瓶的人！

卵石游戏

这是一个在纸上玩的游戏。

游戏规则

❶ 在一张纸上画15枚卵石。

❷ 每个玩家轮流给画在纸上的卵石涂上颜色。在这个例子中，一个玩家将一枚卵石涂成绿色，而另一个玩家则将另一枚卵石涂成灰色。

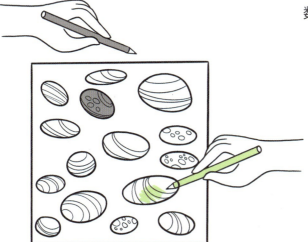

❸ 当轮到你时，你可以涂一枚、两枚或三枚卵石，这取决于你自己！你的目的是最终得到奇数个卵石，而不是偶数个。

❹ 当所有的卵石都涂完后，数一数每个人涂了多少枚。如果你涂的卵石是奇数个，那么你就是赢家！

灰色的一方赢了！

破解密码游戏

在这个双人游戏中，你将化身为间谍，破解密码，来找出你的对手的秘密数字。

你需要什么？
◆ 小本子
◆ 直尺
◆ 铅笔

游戏规则

❶ 玩家1必须想到一个四位数的数字，且它的各个数位上的数都不相同。在玩家2没有看到的情况下写下来。比如他选定的是2873。

写好后将它折叠起来。

❷ 在小本子上，画一个这样的网格，每行可以填入 4 个数字。

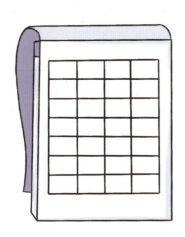

❸ 现在玩家 2 来猜这个数字是多少。他可以从一个随机的猜测开始，比如猜4857。然后将猜测写在网格的第一行。

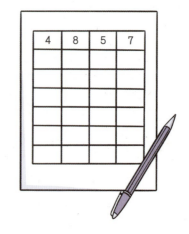

❹ 现在由玩家 1 来检查玩家 2 的猜测，并在每个数字上添加符号。

如果数字正确，并且出现在正确的位置上，

则画上 √。

如果数字正确，但位置不正确，

则画上一颗星 ★。

如果数字和位置都不正确，

则画上 ✗。

❺ 有了这些信息，玩家 2 现在就可以做进一步的推测了。

玩家 2 会保留这个 8，因为它是对的。

他也会保留 7，但会试着把它放在别的地方。

他还会放弃 4 和 5，因为它们是错的，然后他会尝试其他的数字。

他越来越接近了！ 8 和 7 现在的位置都正确，但 6 是错的，并且还有一个 2 保留下来了，尽管它的位置不正确。

❻ 现在又轮到玩家 1 用上面的符号来对新的数字做标记，玩家 2 再次尝试，直到他破解出密码数字为止！

游戏中的科学

在这个游戏中，你可以记录下之前所有的数字以及它们的位置是否正确，利用所有的线索来获胜，而不是胡乱猜测！

是 2873！你猜对了！

然后双方可以交换位置再玩。赢家是那个以最少的猜测次数破解密码的人。

质数喊牌游戏

你可能玩过喊牌游戏，但你玩过质数喊牌游戏吗？

质数真棒！

准备工作

❶ 为了玩这个游戏，你需要一组编号为 1 ～ 50 的纸牌。如果用硬纸板做，就从硬纸板上剪下矩形，用记号笔写上数字。你也可以使用一副旧的扑克牌，然后在上面写上 1 ～ 50 的数字。

❷ 质数喊牌游戏要用到质数，质数就是一个大于 1 的自然数，它只能被 1 和它本身整除。

1	2	3	4	5	6	7	8	9	10
11	12	13	14	15	16	17	18	19	20
21	22	23	24	25	26	27	28	29	30
31	32	33	34	35	36	37	38	39	40
41	42	43	44	45	46	47	48	49	50
51	52	53	54	55	56	57	58	59	60
61	62	63	64	65	66	67	68	69	70
71	72	73	74	75	76	77	78	79	80
81	82	83	84	85	86	87	88	89	90
91	92	93	94	95	96	97	98	99	100

在 1 到 100 之间有 25 个质数。你可以在上面的表中看到它们。

你需要什么？

◆ 硬纸板或一副旧的扑克牌

◆ 剪刀

◆ 记号笔

游戏规则

❶ 把这些牌分成两堆，牌面朝下。玩家各取一堆，然后轮流出一张牌，把它放在中间并翻开牌上的数字。

❷ 当牌面是一个质数时，首先喊出"质数！"的一方，可以拿到中间的一堆牌。如果不是质数或者没人喊出"质数！"，那么这牌就留在中间的牌堆上。

❸ 当其中一个人的牌用完了，另一个人就是赢家！游戏结束。

倍数喊牌游戏

可以使用同一副扑克牌来玩倍数喊牌游戏。

游戏规则

❶ 在这个游戏中，你要查找的不是质数表而是属于某一个倍数表的数。在游戏开始前，选择一个倍数表，例如五倍数表。

❷ 当你看到五倍数表中的数字时，第一个喊出数字——比如"25！"的人，可以拿走中间那堆牌。

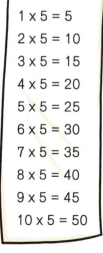

$$1 \times 5 = 5$$
$$2 \times 5 = 10$$
$$3 \times 5 = 15$$
$$4 \times 5 = 20$$
$$5 \times 5 = 25$$
$$6 \times 5 = 30$$
$$7 \times 5 = 35$$
$$8 \times 5 = 40$$
$$9 \times 5 = 45$$
$$10 \times 5 = 50$$

不妨试试这个！

太容易了吗？那就制作一副100张的纸牌，这样就会变得更难一些！

骰子决斗

我向你挑战，发起一场骰子决斗！这个游戏，可以训练你的快速思考能力。

来一场骰子对决！

来吧，谁怕谁呀！

你需要什么？

◆ 纸板

◆ 直尺

◆ 记号笔或铅笔

◆ 剪刀

◆ 两枚骰子

◆ 平底的小托盘

准备工作

首先，从一块纸板上剪下一些小矩形块，制作两套卡片。
用一支粗的记号笔在上面写出 2～12 的数字。

每个玩家需要 11 张写着 2～12 的数字的卡片，就像这样。

游戏规则

❶ 开始玩时，两个玩家分别把卡片排在自己面前，然后各自拿起一枚骰子。

❷ 数到三时，双方都把骰子掷到托盘里（这样可以让骰子归在一起，防止它们滚到别的地方去）。

❸ 快速地把两个骰子上的数字加起来得到总数。例如，如果投出一个 2 和一个 5，那么总和就是 7。

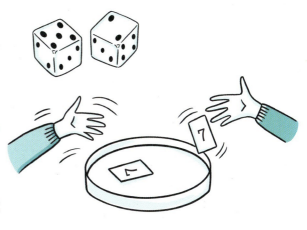

❹ 抢先从你的卡片中拿出标记着 7 的那张，把它放入托盘。

❺ 如果对方先投出他的 7 号卡片，你必须拿回你的卡片并保留它。

❻ 但如果对方投出了错误的卡片，他就必须把卡片拿回来。比如你投出你的 7 号卡片，但他投的是 6 号卡片，即使你的速度较慢，这一轮也算你赢了，并把你的 7 号卡片放入托盘。

记住……

如果你投出了 7 号卡片，下一次骰子加起来又是 7，你就没法投了。如果这时对方还有 7 号卡片，他还可以投！

❼ 继续以同样的方式玩下去，直到一个人没有牌了。他就是赢家！

游戏中的科学

　　你剩下的卡片越少，骰子掷出一个你能玩的数字的机会就越小，可能会导致一个令人纠结的结果！

九子棋

　　带着一副九子棋去古罗马旅行吧！罗马人喜欢玩这个游戏，在那里它一直很受欢迎。

"我来了，我看看，我赢了！"

准备工作

❶ 将这张棋盘复制到一张纸或硬纸板上。

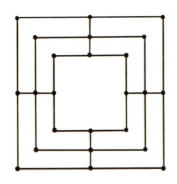

❷ 你还需要一些棋子——9 枚黑色和 9 枚白色（这就是"九子棋"的由来）。你可以用纸板制作，或者使用你已有的游戏棋子。

你需要什么？

◆ 纸或硬纸板
◆ 记号笔或铅笔
◆ 剪刀
◆ 9 枚白棋
◆ 9 枚黑棋

游戏规则

❶ 决定谁执黑棋，谁执白棋。

❷ 游戏开始，黑白双方轮流把他们的一枚棋子放在结点上。

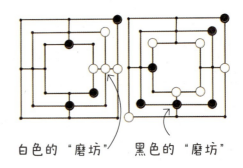

白色的"磨坊"　　　黑色的"磨坊"

　　你的目标是将自己的 3 枚棋子排成直线——就像你在这里看到的一样。接连排着的 3 枚棋子被称为"磨坊"。

❸ 每当你做成一次"磨坊"，你可以从棋盘上取下对手的一枚棋子。但你不能从他的"磨坊"取，除非没有别的棋子可取了。

❹ 当双方都下完自己所有的棋子后，就可以轮流走动自己的一枚棋子。注意只能沿着棋盘上的直线从一个点移动到它旁边的一个空点（不得跳过棋子或在直线之间跳跃）。

❺ 每走一步，都要努力制造更多的"磨坊"（三连子）。每当你造成一个新磨坊时，你就可以拿走对手的一枚棋子。

例如，你可以
这样移动棋子 ……到这里

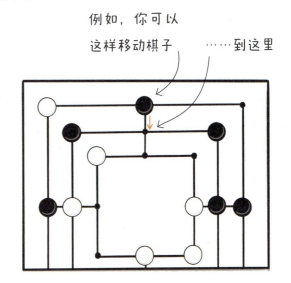

❻ 当有一个玩家只剩下两枚棋子，不能形成"磨坊"时，游戏就结束了。当双方的棋子都不能移动时，游戏也结束了。剩下的棋子多的一方就是赢家。

为什么叫莫里斯棋？

这款游戏也被称为莫里斯棋，可能来自莫里斯舞，这是一种传统的民间舞蹈。也可能来自拉丁语"merellus"，意指一首乐曲。

叛军游戏

在这一古老的双人游戏中。一方扮演将军，另一方扮演叛军。

准备工作

❶ 这是叛军游戏的棋盘。这是一个有 16 个小正方形的方形棋盘，顶部还有一个三角形。你需要复制这个棋盘。

❷ 你还需要 16 枚白色棋子代表叛军，1 枚黑色棋子代表将军。你也可以用别的游戏的棋子，或者用纸板自己做。

你需要什么？

◆ 纸或硬纸板
◆ 记号笔或铅笔
◆ 16 枚白色棋子和 1 枚黑色棋子（也可以是你喜欢的两种其他颜色）

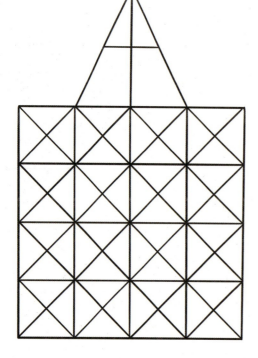

先像这样在棋盘上摆放棋子。顶部的三角形是将军的专用庇护所。只有将军才能进入。

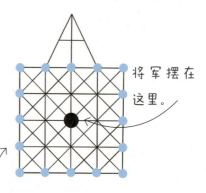

将军摆在这里。

叛军有 16 枚棋子，像图上这样摆放。

游戏规则

❶ 双方轮流沿着一条线移动一枚棋子到一个空的位置。

双方一次都只能移动一步。将军一方只有一枚棋子能移动，但叛军一方可以移动 16 枚棋子中的任意一枚。

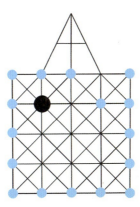

❷ 如果你是叛军，你的目标是包围将军，将它围住，让它一步也不能移动，这样你就赢了。

你可以用自己的棋子围住它，或者把它困在棋盘的边上。

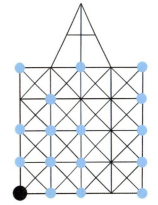

❸ 将军移到两个叛军之间，当 3 枚棋子形成一条直线时，可俘虏叛军，像这样：

将军移到两个叛军之间。

将军就俘虏了这两个叛军，并把它们从棋盘上拿走！

❹ 如果你是将军，你可以通过以下两种方式获胜。

将军如果到达了棋盘顶上庇护所的三角形顶点位置，那么将军就赢了。但如果将军进入三角形庇护区内但还未到达顶点之前，叛军就占据了三角形底部的 3 个位置的话，那么叛军就赢了。

或者将军俘虏了足够多的叛军，让叛军无法进行围困。

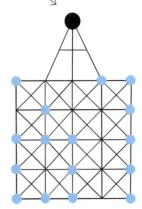

游戏中的科学

你可能会认为将军只有一枚棋子很不公平，但因为它可以俘虏叛军，所以它有可能会赢。试着玩一下，看看会发生什么？

3.141592653589793238462643383279502884197169399375105820

2 巧妙的数字游戏

4459230781640628620899862803482534211706798214808651

机会骰子

骰子对于各种游戏都是必不可少的，你也可以用它们来玩一些精彩的数学游戏。这里有一个超级简单的问题（但其实颇有难度），你用一枚骰子就可以开始游戏。

游戏规则

❶ 你的目标是一次又一次地掷出骰子，写下每一次的点数，然后把它们加起来，让它们尽可能地高一些。

例如，
你可能抛出这个序列：

```
4    总分：4
3    总分：7
5    总分：12
2    总分：14
3    总分：17        ……
```

但是这里有个陷阱！

❷ 如果你掷出了 1 点，就必须停止计数，从头开始。

```
4    总分：4
3    总分：7
5    总分：12
2    总分：14
3    总分：17
1
```

你可以自己玩，也可以和朋友进行比赛。

你的分数越高，继续前进的风险就越大。

现在加上计时器来限制时间

❸ 为了限制游戏时间,现在将计时器设置为 3 分钟,然后开始吧!

❹ 如果计时器的时间到了,你在那一刻的分数就是你的最后分数。

当你已经得到了一个好分数时,比如 28 分,而且还有剩余时间,你是决定不再继续操作,保持这个分数,还是继续冒险尝试把分数弄得更高一些?这是一个令人纠结的选择。

❺ 也可以多人进行比赛,启动计时器时,所有的玩家都同时开始。还可以两人组队,一人掷骰子一人记分。每个玩家或团队都需要一枚骰子、一支笔和一些纸。

分数已经很高了!

❻ 当计时器响起时,得分最高的人或团队获胜!

游戏中的科学

这个游戏与概率有关——你掷出 1 的概率有多大?

每一次投掷,都有六分之一的概率掷出 1。

这意味着你很难得到超过 25 的分数,除非你非常幸运。

试试吧!

破解数列

这个游戏规则很简单——在数列中发现规律。首先尝试解决这些问题，然后创建你自己的问题来挑战你的朋友。

现在从 1 开始大声地数出数字！

你还在数吗？
你数的是什么？

我在数：
1, 2, 3, 4, 5, 6, 7, 8, 9, 10, … 希望能一直数下去！

这就是一个数列，即一组有序的数字。通常称它们为最基本的整数数列，它可用于日常的用途，比如给房间编号。我们都知道它，因为我们从小就学习过。但是还有其他的数字序列。

游戏规则

试着解决这些数列谜题。它们一开始很容易，然后会变得很困难！对于每一个数列，你必须弄清楚数列的生成规律，再填上缺失的数字。

在下面这个例子中：

1	3	5	7	9	

你发现了吗？每次只需加 2 即可。
接下来的数字应该是 11 和 13。

这是另一个例子：

8	11	14	17	20	

在这个数列中，每次都加 3。
那么后面分别应该是 23 和 26。

稍微难一点了……

现在你只能靠自己了！（你可以在本书的最后查看答案。）

(1) | 1 | 2 | 4 | 8 | 16 | | |

这数学味也太浓了！

(2) | 1 | 4 | 9 | 16 | | |

(3) | 1 | 2 | 4 | 7 | 11 | 16 | 22 | | |

(4) | 0 | 1 | 1 | 2 | 3 | 5 | 8 | 13 | |

创建自己的数列！

现在你知道数列是如何生成的了，你也可以创建出自己的数列，让其他人来破解。这里有一些思路……

◆ 使用递减而不是递增的数列
◆ 使用乘法而不是加法的数列
◆ 使用分数或小数的数列

游戏中的科学

有成千上万个这样的数列，数学家们喜欢摆弄它们，并试图构思出新的数列。对于每个数列，都有一个规则，比如"添加2"或"比上次多增加1"，一旦你弄清楚这个规则是什么，你就可以用它来预测下一个数字是什么了。

细菌的繁殖

细菌是一种微小的单细胞生物。有些细菌会使我们生病，但大部分细菌则是无害的，甚至是有益的。但我们这里要关心的是它们如何繁殖！

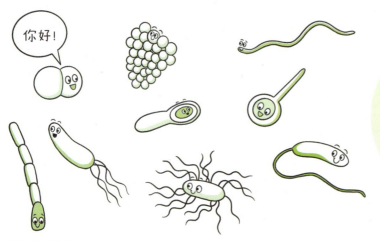

如果你自己已经弄清楚了，不妨让其他人也来猜猜答案。

游戏规则

❶ 细菌不会产卵或者生宝宝。它们繁殖时会分裂生成更多的细菌，一个细菌会分裂成两个。

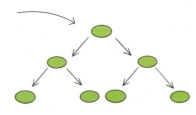

❷ 然后这两个细菌继续分裂成 4 个细菌。

❸ 假设这些细菌每天都会分裂一次。这个数列看起来熟悉吗？你可能已经识别出它是上一页中的数列之一。真不错！

在第一天，有……	
在第二天，就会有……	
在第三天，就会有……	
在第四天，就会有……	
在第五天，就会有……	

让它们分裂去吧，最终会有超过 100 万个细菌！

❹ 这样问题就出现了……如果第一天有一个细菌，你认为什么时候会超过 100 万个细菌呢？

第 1 天 1
第 2 天 1 x 2 = 2
第 3 天 2 x 2 = 4
第 4 天 4 x 2 = 8
第 5 天 8 x 2 = 16
第 6 天 16 x 2 = 32
第 7 天 32 x 2 = 64
第 8 天 64 x 2 = 128
第 9 天 ……

也许是第 100 天？
第 365 天（1 年后）？
或者更早一些？

猜猜是哪一天，然后用计算器来计算核对。

什么时候能超过 100 万个细菌？答案可能会让你感到吃惊！

游戏中的科学

正如你所看到的，当你每次将数字加倍时，它一开始增长比较缓慢——但很快就会上升了！事实上，它们会在第 21 天超过 100 万。再过 10 天，在第 31 天，这个数字将超过 10 亿。

在数学中，这种由一次又一次的加倍而产生的增长数列称为指数增长。

交通游戏

这是一个当你在汽车旅行中感到有点无聊时可以玩的游戏。当然你也可以在路上步行时玩，甚至坐在窗前也可以玩。

游戏规则

❶ 你可以观察道路上的各种红色车辆，并对其加积分。

你也可以设计自己的积分系统，或者使用下面这个积分方法：

	汽车	1 分
	摩托车	2 分
	面包车	3 分
	卡车	4 分
	10 分	
汽车运输车（太罕见了！）		

一人或多人都可以玩（但司机不能玩——他应该专注于自己的任务！）。

你需要什么？

◆ 只需要你的眼睛和大脑就行了！

❷ 每当你发现一辆红色的车，就把分数加到你的总数中，在你的头脑中记住总的分数。看看你是否能在到达目的地时超越一个目标，或者看看你最终能达到多高的分数。

❸ 也可以多人一起玩，或者互相对抗。如果要进行比赛，可以每个人选定自己的颜色：红色、蓝色或白色的车辆。

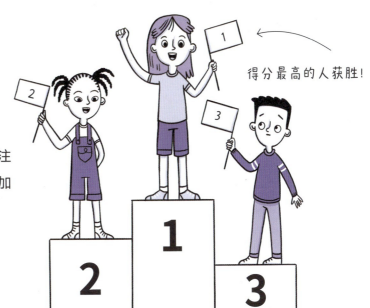

得分最高的人获胜！

❹ 然后，每个人只关注
自己的车，并把分数加
到自己的分数上。

这个游戏很简单，但可以作为一种提高你的心算能力
的好方法（换句话说，也就是你在大脑中做加法的能力！）。

你可能还会发现，某些类型的车辆比其他车辆更常见。
你认为为什么会这样呢？

也试试这个！

你可以发明类似的游
戏。比如在乡间散步时用
发现的植物或树木计分，
或者在海滩上用找到的鹅
卵石或贝壳计分。

测量比赛

这不是一个寻宝活动，而是一个测量比赛活动！

可以自己玩、互相对抗玩，或者在团队之间比赛，在室内比赛可以取得更好的成绩。

你需要什么？

◆ 一大块硬纸板或绳子   ◆ 铅笔

◆ 测量用的直尺或卷尺   ◆ 剪刀

游戏规则

❶ 测量并切割下一块长 1 米的硬纸板条或绳子，作为标准。

❷ 现在来比赛吧！每个人或团队都必须收集一组他们认为可以参与比赛的对象，加起来的长度为 1 米左右，尽可能接近一些。不过，你不需要测量它们，你得靠猜。

你在挑选参赛物品时不能使用上面有测量标记的东西，比如用一把 15 厘米的尺子。那将被算成作弊！

❸ 把这些物体并排放在 1 米的测量标准旁边，看看谁是最接近的。

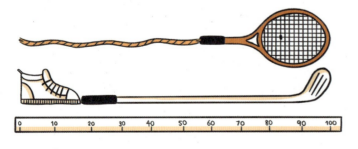

游戏中的科学

要准确地猜测长度是非常困难的——但当你玩了几次之后，你就会熟练得多了！

斯穆特游戏

1958 年，一些学生决定测量位于美国马萨诸塞州的哈佛桥长度。但他们并没有使用英尺或米作为长度单位，而是使用了他们的朋友——奥利弗·斯穆特！

斯穆特躺下，让其他人按他的身高作下标记，然后他们重复着测量完整座桥的长度。哈佛桥的长度为364.4 个斯穆特的长度！

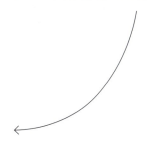

斯穆特当时的身高约 170 厘米，这一长度被称为 1 个斯穆特长度。

游戏规则

❶ 要玩斯穆特游戏，选择一个物体（或者一个人，如果他不介意的话！），猜猜在一个特定的距离（比如一个房间的长度）内有多少个此物体的长度。

❷ 写下你的猜测，然后用你的物体来测量距离，看看你有多准确！

这是露丝阿姨的身高

二进制游戏

二进制，又称为基数为 2 的计数系统。所有的数字，无论有多大，都可以用一系列的 0 和 1 来计数。

我们通常使用的是基数为 10 的计数系统，也称为十进制，它有 10 个数字符号：

但是二进制只使用两个符号：0，1。

基数为 10

0	1	2	3	4	5	6	7	8	9

基数为 2

0	1

当基数为 10 时，使用符号 0～9，然后从 10 开始，使用两个数字。

在二进制数字中，只使用 0 和 1，然后表示数字 2 时，使用两个数字 10。

例如，数字 11 表示：

11	
十位	个位
⋮⋮	·
一个10	一个1
1	1

11	
2位	1位
··	·
一个2	一个1
1	1

当基数为 10 时，每一位比右边一位大 10 倍。

在二进制文件中，每一位只是右边一位的 2 倍。

千位	百位	十位	个位

八位	四位	二位	一位

要将数字更改为二进制数字，请将其分成这些列中。例如……

5

	八位	四位	二位	一位	
		····		·	
		一个4	没有2	一个1	
		1	0	1	……写成101

5 用二进制表示为：

14

	八位	四位	二位	一位	
	⋮⋮	····	··		
	一个8	一个4	一个2	没有1	
	1	1	1	0	……写成1110

14 用二进制表示为：

34

游戏规则

❶ 在下表的第 1 行写下二进制位数，如下：

16位	8位	4位	2位	1位

❷ 然后选择一个 30 以内的数字。每个玩家都有那么多的棋子。

❸ 只要这个数达到 3 或 3 以上时，就要将棋子分别放入不同的栏中。

如果你的棋子超过 16 枚，就把 16 枚棋子放入带 16 位的那一栏。

如果你剩下的棋子超过 8 枚，就把 8 枚棋子放入带 8 位的那一栏。

如果剩下的棋子不够 8 枚，就将 4 枚棋子放入带 4 位的那一栏。

以此类推。

每个玩家都需要：

◆ 30 个小硬币或棋子

◆ 钢笔或铅笔

◆ 一张纸

你可以自己玩，也可以和别人比赛。

❹ 当你用完所有的棋子后，为每个列写下 1 和 0。例如，如果你选择的数字是 21，它会是这样的：

这样：十进制数 21 等于二进制数 10101！每次游戏中先做出答案的人就能得 1 分。

16位	8位	4位	2位	1位
••••• ••••• ••••• •		••••		•
1	0	1	0	1

35

二进制翻牌游戏

一旦你搞懂了二进制，就可以尝试玩高速二进制翻牌游戏！

游戏规则

❶ 对于每个玩家，需要从一块硬纸板（或硬纸板盒）上切下5个矩形纸牌。

你需要什么？

◆ 硬纸板　　◆ 铅笔　　◆ 剪刀

❷ 在纸牌上画一些点，就像这样。

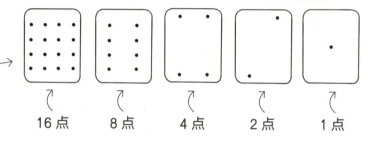

16点　　8点　　4点　　2点　　1点

❸ 在这个游戏中，你可以快速地将一个5位的二进制数字转换为以10为基数的十进制数。

| 10101 | 11101 | 01010 | 11011 | 11111 |
| 10100 | 01101 | 11001 | 00101 | 00011 |

这里有一个可以用于出题的二进制数字的列表。

❹ 要做到这一点，把你的牌放在面前，有点的一面朝上。

1　　0　　1　　0　　1

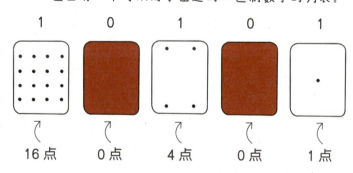

16点　　0点　　4点　　0点　　1点

❺ 将二进制数中的0和1与5张牌相对应。翻转所有与0对应的牌。
例如，对于10101，你可以翻转这两张红色的牌：

一旦你得到了答案，**就大声地喊出来！**

❻ 现在把这些点数加起来，就可以给出对应的十进数的答案。

16+4+1=21

二进制密码

计算机使用二进制代码进行计算。它们的工作原理是对应电流的开或关。用开表示1，关表示0！

游戏规则

❶ 计算机使用八位二进制数字，也称"ASCII"码，来表示英文字母表中的字母——它们就在下面的表中！

你可以用二进制代码向朋友发送一条秘密消息。

A: 01000001   I: 01001001   Q: 01010001   Y: 01011001

B: 01000010   J: 01001010   R: 01010010   Z: 01011010

C: 01000011   K: 01001011   S: 01010010

D: 01000100   L: 01001100   T: 01010010

E: 01000101   M: 01001101   U: 01010101

F: 01000110   N: 01001110   V: 01010110

G: 01000111   O: 01001111   W: 01010111

H: 01001000   P: 01010000   X: 01011000

❷ 要编写密码信息，只需将信息中的每个字母改写成对应的二进制代码。

❸ 把它们连起来写成一个没有空格的长字符串。

010100100100001010100111001001000010010001100100111101001111010001

❹ 为了解码这些信息，你的朋友会把这些数字分成8个一组。

……然后从对应的字母表中找到正确的字母！

拦截你的密码的任何间谍都只会看到一大堆0和1！

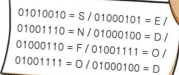

01010010 / 01000101 /
01001110 / 01000100 /
00000110 / 01001111 /
01001111 / 01000100

01010010 = S / 01000101 = E /
01001110 = N / 01000100 = D /
01000110 = F / 01001111 = O /
01001111 = O / 01000100 = D

π 的挑战

圆周率 π 是数学中的一个重要数字……但它有些古怪。

　　π 并不是像 2、4 或 5 这样的"整数"数字，它的大小在 3 到 4 之间。更奇怪的是，它有无限多位的小数。

什么是 π？

　　π 来自一个简单的计算：任何一个圆的周长（围绕圆周边缘一圈的长度）……除以它的直径（穿过圆心到达两边圆周的长度）。

圆周率用小数写出来，是这样开始的：

> 3.14159265358979323846264338327950288419716939937510582

准备工作

数学家用 π 这个符号来表示圆周率

❶ 你面临的挑战是：通过创建你自己的句子来记住尽可能多的圆周率 π 的小数数字。记住，你的句子中的每个单词的字母数量都对应于 π 的小数数字。

❷ 这是 π 的前 10 位数字，你能把它们变成一个句子吗？

> ## 3.141592653

这个句子越古怪，就越容易记住。下面是一个例子！

Dad,	I	drew	a	white	chameleon	on	Mabel's	magic	hat!
3.1	4	1	5		9	2	6	5	3

（译成汉语是：爸爸，我在梅布尔的魔法帽子上画了一只白色的蜥蜴！）

❸ 你能想出一个更好的，还是一个更长的句子吗？

看看你可以记住多少个圆周率 π 的数字，或许你可以参加一场比赛。

π 倍有多长

对于这个游戏，你只需要绳子、剪刀和一些圆形的物件，当然还有圆周率 π！

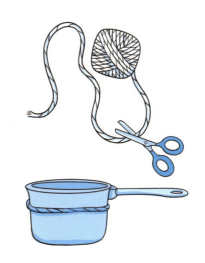

轮流和朋友或家人玩，看看谁剪出的绳子最接近实际的长度。

游戏规则

❶ 找一些圆形的物体，如碗、平底锅或罐头盒。

❷ 剪出一根能完全围绕物品一圈的绳子，不需要精确测量！

4944592307816406286208998628034825342117067982148086 51

❸ 通过观察物品的宽度或直径来猜出周长，然后剪出一根大约 3.14 倍长的绳子。看看你能有多接近？

差不多就行！

画圈游戏

它是一个可以在纸上玩的数学游戏。
它的规则很简单，但它可能会让你抓狂！

游戏规则

❶ 游戏一开始是一个小网格，上面标记有数字 0，1，2 或 3。

这里用一个最容易的例子来展示它的玩法。

3	2
2	3

❷ 这个谜题需要我们沿着网格的线条绘制一个连接起来的圈。方格中的数字表示你可以为每个方格画多少条边。

以下是上述谜题的一个解决方案：

3	2
2	3

带"3"的方格将三条边填成绿色。
带"2"的方格将两条边填成绿色。
这就是你连接好的圈。

❸ 一旦你懂得了这个玩法，就试试这些。

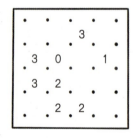

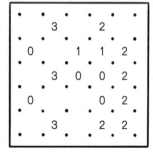

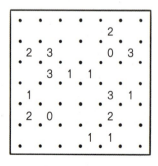

试着在格子纸上制作你自己的画圈谜题，来挑战你的朋友或家人。

口袋游戏

和画圈游戏一样，口袋游戏也是在网格纸上进行的。

游戏规则

❶ 这一次，你要在所有的数字周围画出一个圈，或者叫"口袋"。方格中的数字显示这个方格必须在口袋中占有多少方格，包括它自己所在的方格以及在口袋中的其他方格。

这里有一个简单的例子：

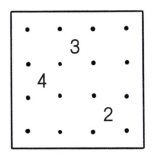

答案就在旁边！

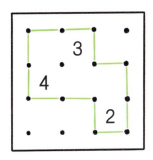

3 占有三个方格：自己、下面和左边。

4 占有四个方格：自己、上面和右边的两个。

2 占有两个方格：自己和上面。

这样"口袋"就完成了！

❷ 这里有更多可以尝试的题目……

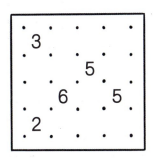

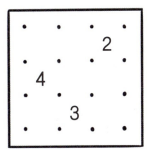

卡库罗游戏

如果你喜欢数学，也喜欢填字游戏，那么你一定会喜欢卡库罗（数谜游戏）的！这是一个来自日本的益智游戏，它是在填字游戏网格上玩的，是用数字而不是用字母填写。

游戏规则

像许多其他网格游戏一样，卡库罗游戏可以在任意大小的方格纸上玩。人们通常在 8 x 8 的方格或更大的方格上玩，但你也可以用更小的方格。下面就是一个迷你的卡库罗，你可以从这里开始。

你不能在这个深色的方格中填数字。

你可以用 1 ~ 9 中的任意数字填充空白的方格。

这些方格中包含了一些线索。它们表示了每行或每列加起来应该等于的数字。

例如，这个 12 意味着它下面一列中的数字加起来必须是 12。

这个 9 意味着它后面一行中的数字加起来必须是 9……

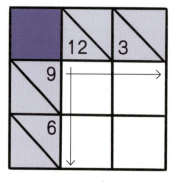

这是一种解答方案。本题还有另一种解答，你能找出来吗?

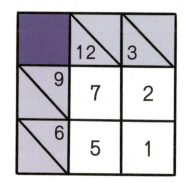

现在你知道了游戏规则，那就开始挑战下面这些巧妙的卡库罗吧！

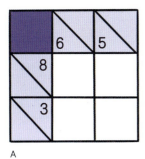

A

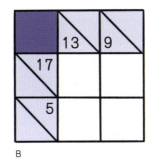

B

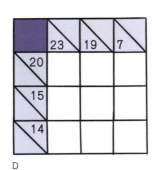

C

D

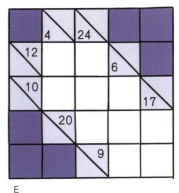

E

3 超酷的图形游戏

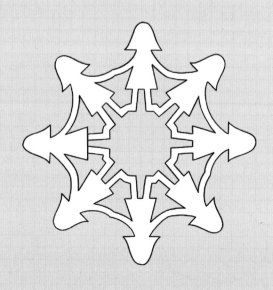

镶嵌游戏

它是一种镶嵌图形，意思是你可以像使用瓷砖一样使用它来填充一个没有缝隙的平面，就像这样！

游戏规则

❶ 快来看看我们选择的图形吧。你能分辨出哪些能镶嵌，哪些不能吗？

你可以尝试自己玩，或者和一个朋友玩挑战赛！

三角形

六边形

五角星

宽 H 形

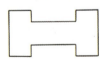

箭头形

水滴形的气球

❷ 然后把你的答案写在一些纸上。如果你和朋友玩挑战赛，就每人用一张纸。

不要偷看哟！

试试吧！

仔细地将每个形状复制到硬纸板上，然后剪下来（像麦片盒一样的薄纸板就行）。要看一种图形是否镶嵌图形，就用笔将剪下来的图形的轮廓描在纸上，然后画出更多一样的图形，看看是否能把它们拼合在一起（如果有问题，那就重新开始吧）。

两种图形的镶嵌游戏

有时，也可以将两种不同的图形镶嵌在一起，形成一个完整的图案。

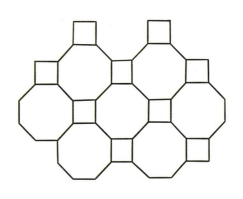

游戏规则

你面临的挑战是找出这些形状中的哪两个可以镶嵌在一起。

五边形　　　　椭圆形　　　　菱形

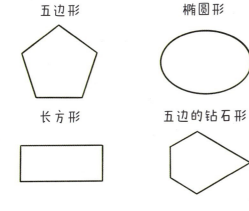

长方形　　　五边的钻石形

先猜猜，然后复制这些图形，看看你能不能破解这个问题！

试试这个！
你能创造出全新的镶嵌形状吗？

游戏中的科学

镶嵌是否可行与图形的角度有关。无论图形看起来多么古怪，无论你如何排列它们，你的图形之间都必须有能将它们的角组合在一起的合适角度。

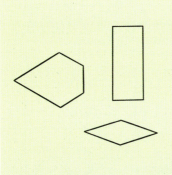

哎哟！

七巧板游戏

七巧板是一种古老的中国游戏，它是由一个正方形切开后分成的几个简单图块组成的。

你可以自己玩，也可以与他人比赛（要求每个人都有一套七巧板）。

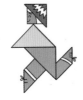

你需要什么?

◆ 硬纸板或薄的泡沫板 ◆ 直尺

◆ 记号笔或铅笔 ◆ 剪刀

准备工作

❶ 用直尺在硬纸板或泡沫板上标出一个 10 厘米 x 10 厘米的正方形。

❷ 画出像 X 形状的对角线。

在这条线的中间停止画线

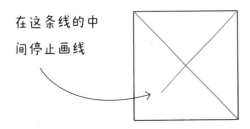

❸ 测量并标记其中一些线段的中点，如图所示。

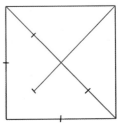

❹ 连接这些标记，如图所示，形成这种形状的图案。

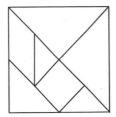

❺ 把该正方形剪成 7 块不同形状的图块。

 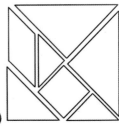

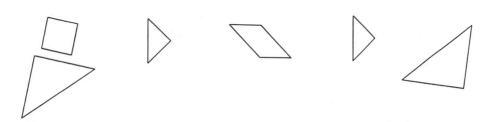

游戏规则

要解决一个七巧板的谜题，你只能看到它的轮廓，你的目标是试着用七巧板拼装出这种形状，弄清楚哪一部分应该放在哪里。这里有一些可以尝试的图案！

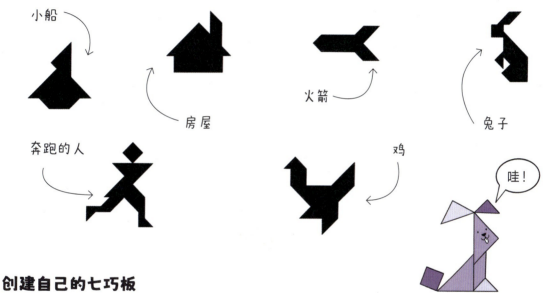

小船

房屋

火箭

兔子

奔跑的人

鸡

哇！

创建自己的七巧板

现在你可以设计自己的七巧板！从另一个10厘米 x 10厘米的正方形开始，但这一次，用不同的方式来设计你的拼图板。你能用你的新拼图板做成哪些图案？

游戏中的科学

原来的七巧板是精心设计的，所以无论你想拼成什么形状，都有一些图块适用于不同的部分。但有比这更好的设计吗？

方块拼图

对于这个游戏，你需要方格绘图纸。你可以在文具店买到，或者在网上找到，然后打印出来。

你需要什么？

◆ 方格纸

◆ 记号笔或铅笔

◆ 剪刀

准备工作

画一个矩形来制作一个游戏板。10 个方格长，6 个方格高就是一个合适的尺寸。

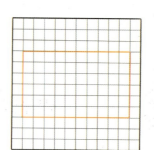

自己玩或者和对手一起玩。

游戏规则

❶ 再拿一些方格纸，剪出一些图形块，每块有 3 个方格。可以有两种形状，称为"三连方"。每种形状制作 10 个，因为对于一个 10 x 6 的矩形图块，总共有 60 个方格。

游戏中的科学

这些拼图块可以全部放在矩形图板上，但前提是你要想出正确的摆放方法。如果你和对手比赛，还可以试着通过阻止他，不让他走出最好的步骤，给他制造更多的困难！

❷ 把"三连方"放在矩形图板上，把它们拼装在一起，以覆盖整个矩形。你能把它们都盖住吗？如果不能全部盖住，那么你能盖住多少？

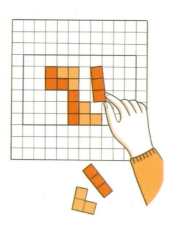

唔……

❸ 如果和别人一起玩，那就抛硬币看谁先走，然后每人每次加一个图形块。如果你加不上去了，你就输了！

四连方

觉得太容易是吗？我们升级后再试一下，这次使用四方格的"四连方"还要一个更大的棋盘。

游戏规则

❶ 试着做同样的游戏，但是用"四连方"来玩。

"四连方"有 7 个可能的形状

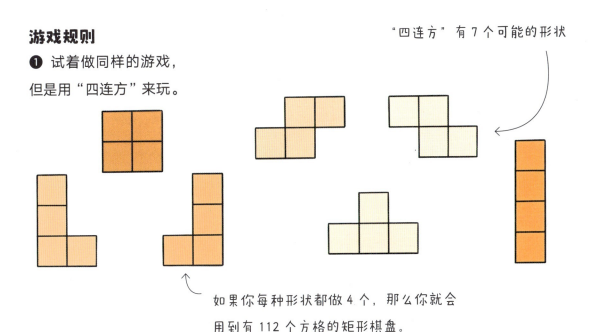

如果你每种形状都做 4 个，那么你就会用到有 112 个方格的矩形棋盘。

❷ 画一个有 112 个方格的矩形棋盘，就像这样。

❸ 试着把所有的四连方都装进棋盘里，或者轮流和对手放图块。这下更难了！

宽 14 个方格

高 8 个方格

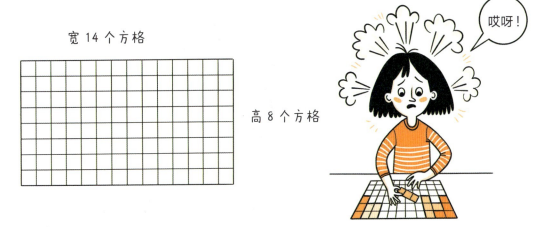

哎呀！

镜像对称

对称的图形两边是相同的。一边就像是另一边的镜像。这个游戏是一场匹配两个对称形状的比赛。

这个游戏需要两个或两个以上的玩家。

你需要什么？
◆ 薄纸板
◆ 铅笔
◆ 剪刀

准备工作

❶ 将薄纸板剪成 8 ～ 10 厘米的正方形。

❷ 取一张纸片，整齐地对折成一半大小，然后在对折的那一侧画出一个图形，就像这样。

❸ 小心地把纸片两边捏合在一起，然后沿你画的线剪开。当你打开纸片时，你就会看到一个完美的对称图形。

❹ 用同样的方式做出更多的对称图形。你可以按你喜欢的方式来设计它们！

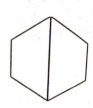

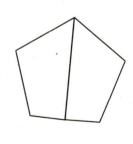

❺ 完成后，把所有的对称形状沿着对折线剪成两半。再把每种图案的一半放在一个托盘上，另一半放在一个袋子或盒子里，放在你看不到的地方。

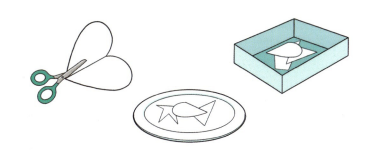

游戏规则

❶ 玩游戏时，闭上眼睛，从袋子或盒子里拿出一片。然后在托盘里尽快找到与之对称的另一半！

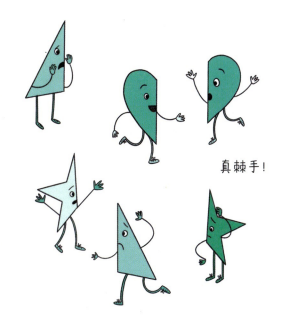

真棘手！

❷ 如果有两个或两个以上的玩家，则每个人都闭着眼睛取出一片。然后数三下，大家都到托盘中去找出与之匹配的一半。先找到的得一分！

游戏中的科学

图形越复杂，就越难找到正确匹配的另一半，如果你设计一些相似的对称图形，那么彼此之间又不完全相同时，这就会特别棘手。

图形密码

坐标纸是一个正方形的网格，沿着底部的是带数字标度的横轴（X轴），沿着左侧的是带数字标度的纵轴（Y轴），这些标度数字排列在数轴上。你可以在每个轴上都取对应的数字，用两个数字在图上标记一个点。

游戏规则

❶ 像这样画一个简单的图像，它所有的转角处都是线段交叉的点。这些点连起来就是一条连续的曲线形成的图画。

❷ 现在标记出所有的角点，并把它们的坐标写成一个列表。例如，这个图像中的前三个点坐标分别是：

X 5, Y 7

X 6, Y 8

X 7, Y 8

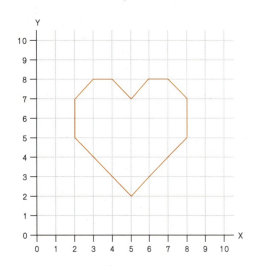

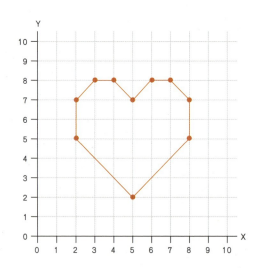

你可以向一个朋友发起挑战，或者让更多的朋友都参与进来。

❸ 要破解图形密码，需要在空白坐标纸上标记出这些点，并用线段将每个点连接到下一个点。

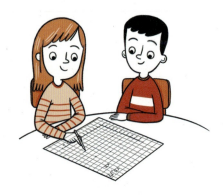

游戏中的科学

坐标图对于显示测量值和发送编码信息很有用。事实上，平板电脑和手机的屏幕都使用了类似的工作原理。计算机使用坐标图来计算出你在屏幕上触摸的位置，以及在哪里显示图片和文本。

X3, Y1

X2, Y7   X5, Y4

X6, Y8

图形信息

这里是另一种游戏挑战，你可以使用一个图形来发送一个秘密的文本信息吗？

游戏规则

先确定如何用坐标数组来表达字母。为信息中的每个字母使用不同的坐标数组。

试着将这个问题作为解码练习吧，完成后你就明白了！

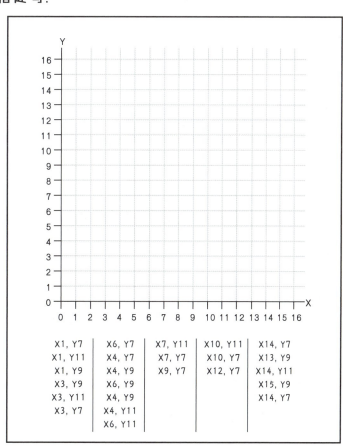

X1, Y7	X6, Y7	X7, Y11	X10, Y11	X14, Y7
X1, Y11	X4, Y7	X7, Y7	X10, Y7	X13, Y9
X1, Y9	X4, Y9	X9, Y7	X12, Y7	X14, Y11
X3, Y9	X6, Y9			X15, Y9
X3, Y11	X4, Y9			X14, Y7
X3, Y7	X4, Y11			
	X6, Y11			

有多少个三角形？

下面来点简单的游戏吧。你所要做的就是数数三角形的个数！还有什么比这更容易的呢？

游戏规则

在这张图片里，你能数出多少个三角形？

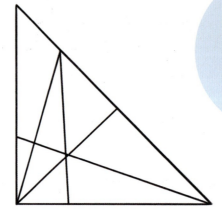

你都数清楚了吗？

你确定吗？

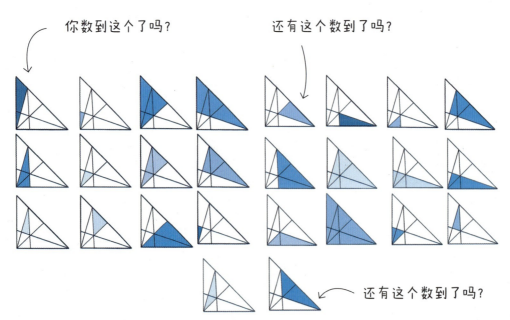

你数到这个了吗？

还有这个数到了吗？

还有这个数到了吗？

事实上，虽然它看起来是一个非常简单的图形，但隐藏着很多三角形——总共有 26 个。当你在数的时候，很难全部发现它们并确定它们是否已经被数过。

游戏中的科学

为什么这件事这么难？我们的大脑擅长识别形状，这是我们从小就学到的本领。所以，当有人说"找出一个三角形"时，你就会迅速聚焦到任何看起来像三角形的东西上。你做得太快，所以很容易错过不太明显的三角形——例如，当三角形内部有其他形状时。

这个正方形中有多少个三角形？

现在你知道要寻找什么了，试着计算这个正方形中的三角形。如果很棘手，你可以尝试画出这个正方形的很多小副本，然后标注出不同的三角形。

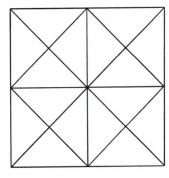

也试试这个！

现在试着画出你自己设计的包含多个三角形的图形来挑战你的朋友！

六角星中有多少个三角形？

这是终极挑战，试着数一数六角星中有多少个三角形。

哈哈！

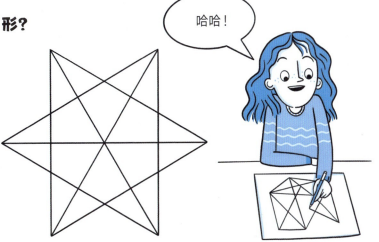

图形狩猎

你觉得你能在任何地方发现一个特定图形吗？
测试你大脑的时候到了！

自己玩或者和
朋友一起玩。

游戏规则

❶ 在这个游戏中，你所要做的就是找
到那些试图隐藏的图形。

❷ 看看下面这个错综复杂的图形，再
看看你能不能发现：其中有两个正方形、
一个六角形（六边形）和一个隐藏在里
面的星星！

❸ 你都找到了吗？再试试这个。你要
找出一个矩形、一个菱形的钻石和一个
正五边形。

我想我
蒙圈了！

游戏中的科学

你的大脑很难将一个形状的轮廓和它上面的其他
线条区分开来。然而，有些人比其他人更擅长做这个
问题。这种游戏有时被用来测试人们的分析能力。如
果你有一个非常善于分析的大脑，这就意味着你善于
挑选图片、理解图形的模式和规则。

缺失的部分

这个游戏的玩法与上面的游戏正好相反！

游戏规则

❶ 在这个图片中缺少一块图形。

你要尽可能快地选择找到合适的图形填充到空白处，以形成完整的图案。是哪一个呢？

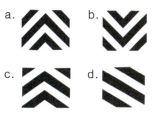

❷ 这里是另一个题目。

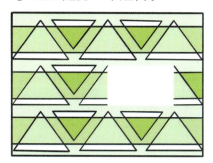

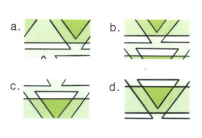

❸ 如果可供选择的填充图块的方向不一定正确，那么就会变得更加困难！

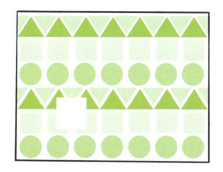

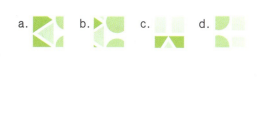

最小的正方形

这是另一个可以在方格纸上玩的游戏。它可能看起来很简单，但几个小时后你会发现自己仍然感到十分困惑！

游戏规则

❶ 用记号笔和直尺在方格纸上画一个矩形框。它可以是任意尺寸，但让我们从一个简单的尺寸开始——画一个宽 6 个方格、高 4 个方格的矩形。

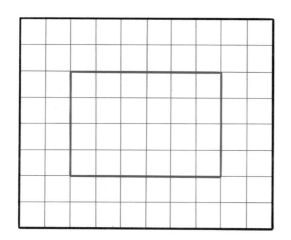

你可以自己玩，也可以和朋友一起共同完成，或者互相挑战，来一场比赛。

❷ 用不同大小的正方形去填充这个矩形，要求没有空隙也不重叠。填充用的方块总数必须尽可能的小，你最少要用多少个正方形呢？

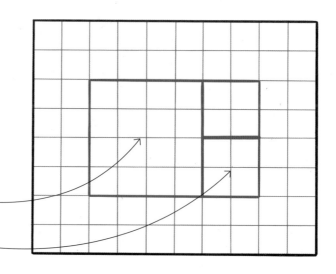

一个大正方形

两个较小的正方形

画一个宽 8 个方格、
高 5 个方格的矩形

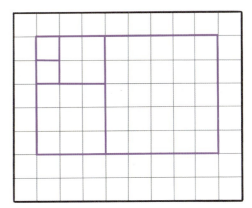

画一个宽 11 个方格、
高 13 个方格的矩形

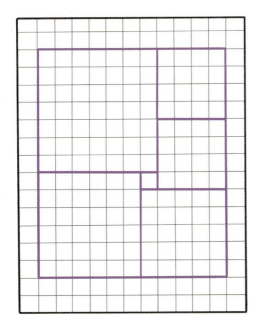

游戏中的科学

　　你一定开始头痛了吧？正如你可能已经发现的一样，你要花很长的时间来尝试不同的解决方案！

　　实际上很难确定你是否真的使用了最少的正方形，因为有许多的变化——你开始的矩形越大，方案就越多！

　　如果你是单独玩，就试着使用尽可能少的正方形。如果你在和别人比赛，获胜者就是使用最少正方形的人。

61

手拉手剪纸

这个游戏只需要用纸、铅笔和剪刀来做一排手拉手的剪纸小人。你一旦开始，就停不下来了！（直到你把手中的纸用完。）

游戏规则

❶ 裁出一张长方形的纸——但不要太长，因为你需要把它折叠起来，然后再用剪刀剪开。比如 30 ~ 50 厘米长和 10 厘米高的纸就是合适的尺寸。

你需要什么？

- ◆ 白纸
- ◆ 铅笔
- ◆ 剪刀

这个游戏很有趣，你可以自己玩，也可以和你的小伙伴一起分享乐趣哟！

❷ 把你的纸条整齐地折起来，就像这样。使每个部分大致呈正方形或长方形。

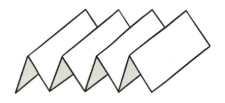

❸ 压平两侧边缘的折痕。

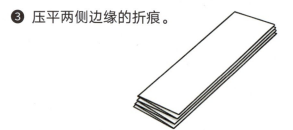

❺ 最后，握紧折叠好的纸，用剪刀剪穿所有的纸层，剪出小人的形状。然后，打开你的剪纸，就可以看到一串牵着手的人链。

❹ 现在在纸上画一个小人，注意让他们的胳膊和腿连到折叠的纸张边缘上。

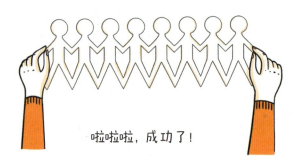

啦啦啦，成功了！

你画出的图形不一定是人物形状——可以画任何你喜欢的形状。比如，狗、恐龙、花、外星人、仙女或汽车——无论你画什么，只要让它们连接到折痕边缘，就会变成一串链条。

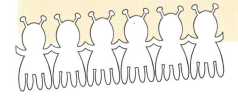

圆形剪纸图案

和刚才差不多，但你不是从长纸带开始，而是从圆纸片开始。

游戏规则

❶ 剪出一个 20～40 厘米直径的圆形纸片。（可用盘子或锅盖压在纸上画出一个圆圈再剪，这样可以剪出较规范的圆形！）

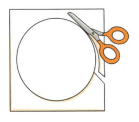

❷ 现在像这样将它对折再对折，最后把它折叠成 8 层纸的小扇形。

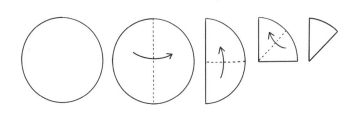

❹ ……将它打开！

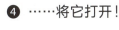

❸ 在折叠好的纸上画一个图案，确保它与折好的纸片两侧都连接。

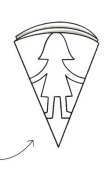

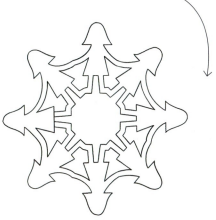

超级循环游戏

拿一些方格纸，想出一组数字，然后把它变成一个超级循环的图形！

准备工作

这个游戏有很多变化，但让我们从一个简单的 3 个数字的超级循环开始。

游戏规则

❶ 在方格纸上靠近中间的地方画上一个点。

❸ 从你的圆点开始，画一个方格长的线。

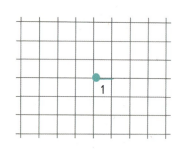

❷ 现在选择 3 个 10 以下的数字，如 1，3，5。

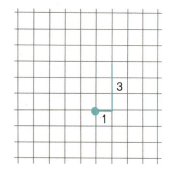

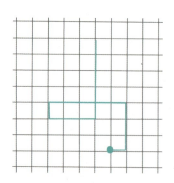

❹ 逆时针转四分之一圈（90°），画一条 3 个方格长的线。

❺ 再次逆时针转四分之一圈（90°），你猜对了！画一条 5 个方格长的线。

❻ 现在逆时针再转四分之一圈，重复上面的操作模式。

❼ 继续画一条 1 个方格长的线、一条 3 个方格长的线和一条 5 个方格长的线，在每一条线之间旋转同样的方向，直到你回到出发时的圆点！

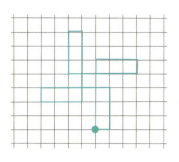

这款游戏可以给自己带来好几个小时的欢乐，你也可以和朋友一起玩，互相设置循环挑战比赛。

现在试着做出一些改变，看看你会得到些什么？

❽ 尝试 3 个数字的不同排列。

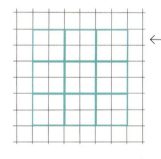

❾ 更多的数字呢？它适用于 4，5，6，甚至更多的数字——但你可能得不到类似的循环模式！事实上，有时候它会永远持续下去，而不能回到你刚开始的圆点。

4，4，6

（如果你的线条发生相交，不用管它，继续画下去吧！）

游戏中的科学

　　一个超级循环图案有点像一个小的计算机程序。每一行数字运行起来就是一个特定模式的"代码"。这些模式看起来很复杂，但它们可以简单地归结为一小行数字和一个简单的指令。计算机代码通常以类似的方式工作。

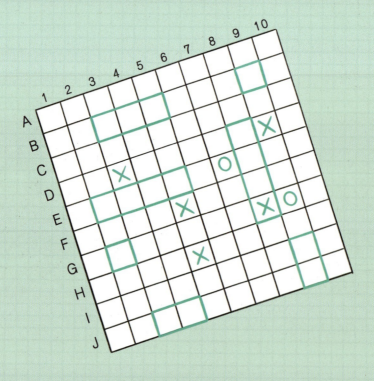

4 笔和纸的游戏

长蛇游戏

在这款游戏中，你所需要的只是一支笔和一些纸。游戏双方轮流上场让蛇变得越来越长。

准备工作

画一个由点组成的网格，高和宽都是 5 个点，就像这样。

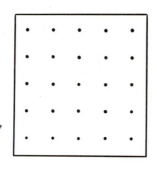

游戏规则

❶ 玩家们轮流在网格上添加一条线来构建长蛇。

❷ 玩法很简单，只有以下几条规则：

◆ 每次添加的线段必须是两个点之间的直线段，并且必须添加到已有的蛇形图的两端上。

◆ 它们必须是水平、垂直或者成 45° 的对角线，如图所示。

◆ 蛇的形状不能与自己交叉。

◆ 同一个点不能使用两次。

你需要什么?
◆ 纸
◆ 铅笔

这是一款适合两个人玩的游戏（你也可以尝试邀请更多人参与游戏）

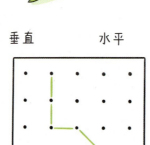

垂直　　　水平　　　不允许!

45°对角线

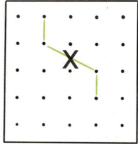

对角线只能画成 45°，不能画成其他角度，像这种对角线就不允许。

❸ 继续向蛇的两端添加线段。直到不能再添加线段为止。画出最后一条线段的一方就是输家！

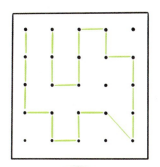

游戏中的科学

画蛇总是要结束的，因为你会耗尽空间和点。但是通过练习，你可以用机敏的操作给你的对手制造陷阱，迫使他画出最后一段！

长蛇之战

如果你觉得画一条蛇还不过瘾？可以试试画两条蛇！

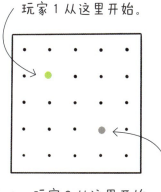

游戏规则

❶ 与前面一样，画一个 5 x 5 的网格。这一次，两位玩家都用不同颜色的笔，在网格上画上各自的起点。

玩家 1 从这里开始。

玩家 2 从这里开始。

❷ 两个玩家轮流画线段来制作自己的蛇。

◆ 每个轮次，他们必须画一条水平、垂直或 45° 对角线的线段，每次只能走一个方格长度。

◆ 线段必须不断地添加到自己的蛇的一端上。

◆ 这两条蛇自己或彼此都不能交叉或接触。

◆ 同一个点不能使用两次。

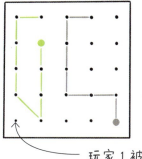

最终有一方会发现自己无法再延长自己的蛇时，就意味着输了！

玩家 1 被卡住了！

坏掉的蛋糕

在玩这个游戏时要当心。一不小心就会吃到坏掉的蛋糕！

准备工作

在一张纸上画一个装蛋糕的网格，如果你嫌画蛋糕太麻烦，那么可以用简单的圆圈来代替，周围有一个框，就像这样。这是你的蛋糕托盘。它可大可小，我们这里用的是 4 x 6 的网格。

最好两个人玩

有很多美味的蛋糕

但这块是坏掉的蛋糕！

游戏规则

❶ 玩家们轮流上场玩。当轮到你时，从网格中挑选一个蛋糕吃掉。

游戏中的科学

数学家们还没有找到玩这个游戏的最佳方式。看看你能不能知道怎么去赢得比赛！

❷ 然而，你不只是可以吃掉那个蛋糕，还可以（并且必须）将它上面和它右边的蛋糕都吃掉。

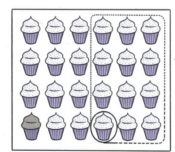

假如你选择了这个……

这些也被吃掉了

天啊，真恶心！

❸ 把蛋糕叉掉或画掉，表示已经被吃掉了。两个玩家都轮流这样做，直到有一方被迫去吃那块坏掉的蛋糕时，他就输了。

豆芽游戏

接下来，试试这个简单而有趣的豆芽游戏。

游戏规则

❶ 首先在一张纸上画两个点。

❷ 这两位玩家使用不同颜色的笔，轮流加上线条。

❸ 当轮到你时，画一条线来连接两个点，然后在你画的线上加上一个新的点。

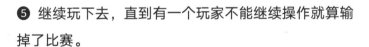

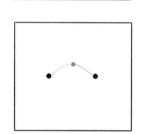

❹ 请注意：

◆ 你的线条不能跨越自己或其他已有的线条。

◆ 每个点最多可以连接 3 条线。如果一个点已经连有 3 条线，你就不能再往它上面连线了。

◆ 你可以从一个点开始画一条线，然后回到同一个点。但这时连接的那个点要算两条线，而不是一条线。

❺ 继续玩下去，直到有一个玩家不能继续操作就算输掉了比赛。

 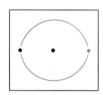 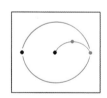 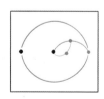 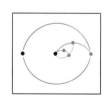

构造三角形游戏

这个简单的游戏玩起来很有趣，而且你最终也会得到一幅漂亮的图画。

这款游戏合适两个人玩，但你也可以尝试跟3个人或跟更多人玩。

游戏规则

❶ 首先在纸上随机画大约 20 个点，间隔均匀一些就行。

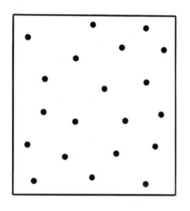

你需要什么？
◆ 一张纸
◆ 彩色笔

❸ 其目的是用线条来构成完整的三角形。如果你还没有画完一个三角形中的所有线段，那么你画线时就必须去完成它。

每当你完成一个三角形后，你可以用自己的颜色填进去。三角形不能重叠，也不能内部有点。

❷ 两个选手轮流玩。在每个轮次，玩家必须用自己颜色的彩笔添加一条直线段连接纸上的两个点，就像这样。

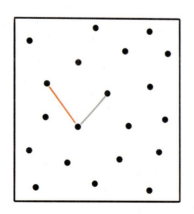

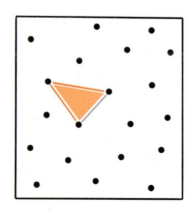

❹ 双方继续轮流添加线条，努力构造出尽可能多的三角形。当所有的点都用完时，数一下双方三角形的数量——最多的人获胜！

橙色，加油！

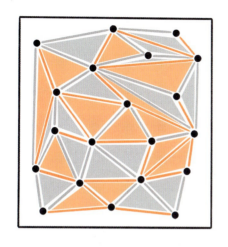

游戏中的科学

　　这款游戏比看起来还要难一些！你还得注意当对手的三角形已经有两条边时尽量占据第三条边，阻止对方三角形的形成。

构造四边形

　　这个游戏规则和构造三角形游戏相同，但不是构造三角形，你得在各点之间连成正方形或者其他四边形！

　　跟前面构造三角形游戏一样，先画一些点，然后轮流用直线连接这些点。但这一次我们要构造四边形，而不是三角形。当你构造出一个四边形时，就用你的笔涂上自己的颜色。

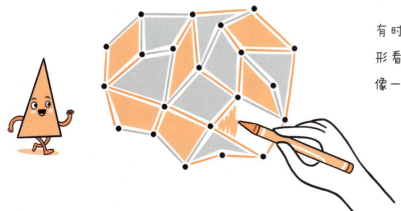

有时你会发现你的四边形看起来不像方形，更像一个箭头。

小心三角形!

上一款游戏是关于构造三角形的。但在这款游戏中，你必须尽量不要构成三角形！

这是一款适合两个玩家的游戏——但你也可以自己轮流使用两支不同颜色的笔尝试一下。

游戏规则

❶ 在纸上用大号的铅笔画 6 个点成六边形，就像这样。

它不需要多么精确——只要看起来像一个六边形就可以了。

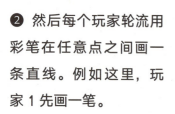

你需要什么？

◆ 一张纸

◆ 铅笔

◆ 两个玩家用的不同颜色的彩笔

❸ 你的线必须总是连接两个点，而且你不能与一条已经存在的线重复。继续轮流添加更多的线，但无论你怎么画，都不要让你的线段形成一个三角形。如果你不得不这样做的话，那么你就输了！

❷ 然后每个玩家轮流用彩笔在任意点之间画一条直线。例如这里，玩家 1 先画一笔。

现在轮到玩家 2 了。他用的是一支绿色的笔。

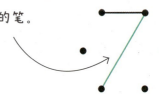

记住……

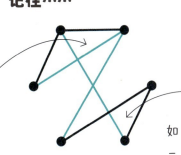

如果双方都只画了三角形的一部分，就没有人输。例如，这个三角形是可以存在的。

你能让游戏继续进行多久？

如果在六边形内部出现一个三角形，但不是在每个角上都有顶点，就像这样，也是允许的。

一切都结束了……

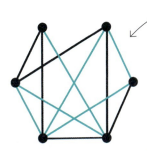

哎哟！玩家 2 画出了一个三角形。所有的边都是绿色的，而且在每个角上都是顶点。玩家 1 赢了！

游戏中的科学

　　这个游戏也被称为 Sim 游戏，它是由代码专家古斯塔夫斯·西蒙斯在 1969 年发明的。Sim 游戏不能一直玩下去！总是有一方不得不画出一个三角形。问题是，你能让游戏继续进行多久？

厄运之点

厄运之点将在哪里出现？你能避开它吗？

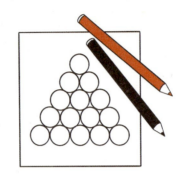

这是一款适合两个人玩的游戏。

游戏规则

❶ 在一张纸上，画一个由15个圆圈组成的三角形，像这样。

❷ 你需要两种不同的笔，比如红色和黑色，每个玩家都使用自己的笔。

你需要什么？
◆ 一张纸
◆ 不同颜色的彩笔

❸ 双方轮流在圆圈里依次写下数字 1～7。

玩家1在其中一个圆圈中写了一个1。

玩家2在另一个圆圈中也写了一个1。

玩家1又写了一个2。

玩家2也写一个2……

以此类推

❹ 当两个玩家都写完了数字 1～7 时，其中必定还有一个圆圈仍然是空的。

这就是厄运之点！

❺ 厄运之点将摧毁所有靠近它的点。用笔涂掉厄运之点和周围的点。

黑方赢了！

❻ 将每个人剩下的数字相加后作为分数。得分最高的人就是赢家！

游戏中的科学

你尽量不要把你的最高数字放在厄运之点旁边，但这很难办到，因为你是最后才写的最高数字。你能找到最好的策略吗？

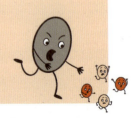

扎气球游戏

这个游戏的规则很简单——扎破尽可能多的气球来争取胜利。

两个人玩最合适

游戏规则

❶ 在一张纸上画一堆气球。

❷ 每个玩家都会使用不同颜色的笔来玩。首先，每个人在一个他计划要扎破的气球上画一个点。

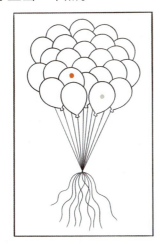

嘣！

❸ 在你的下一个轮次，把已经画点的气球扎破（用你的彩笔涂满它来表示），然后在挨着扎破的气球的另一只气球上画一个新点。

❹ 继续轮流这样做——扎破你画了点的气球，然后在它旁边的气球上画一个新的点。

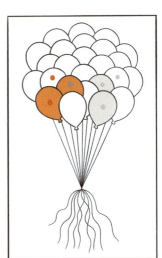

最先发现自己已经没有气球画新点的人就是输家！

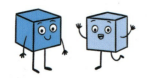

街区游戏

画出 O 或 X 来阻挡你的对手！

准备工作

在一张纸上画一个棋盘，使它有6 个方格宽，6 个方格高（如果你有方格纸的话，可以在上面画一个方框就行了）。

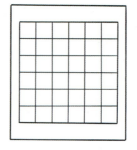

这个游戏需要两个玩家。

游戏规则

❶ 两个玩家选择 O 或 X，就像在 TIC-TAC-TOE 游戏中一样（见第 84 页），然后轮流玩。

（见第 84 页）

❷ 当轮到你时，在棋盘上选择一个方格，并在里面画上你的符号。然后用铅笔在周围的方格里轻轻涂一下，以画符号的方格为中心形成一个"街区"。

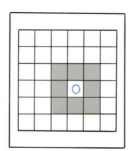

你需要什么？

◆ 一张纸
◆ 直尺
◆ 铅笔

❸ 每个玩家都不能把他的符号(O 或 X)放在已有的街区中的任何方格中。他必须选择一个空格来画自己的符号，并形成自己的街区。但是他的街区可以与你的街区重叠。

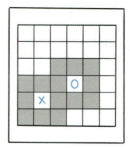

例如，他可以这样做。

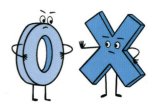

❹ 不断轮流地添加自己的符号和街区。

你允许在棋盘边上的一个方格里放置自己的符号，就像这样。

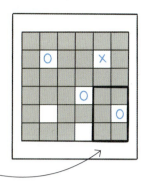

❺ 但到最后，棋盘上的空格总是会被用完的，你会发现无处可去。第一个不能放置自己的符号的玩家就是输家。

游戏中的科学

你与对方的街区重叠得越多，你就会为下一步行动留下更多的自由空间。如果你远离对方的街区，你的街区就会填满更多的空间！

你可以使用这些机智的策略，这取决于游戏的阶段，以及你是想节省空间还是占有空间。

你还可以试试这样玩！

这个游戏可以在任何大小的棋盘上玩。试试一个 10 x 10 甚至是一个 20 x 20 的棋盘。

你还可以尝试使用不同类型的网格，如三角形棋盘或六边形棋盘。试试在这样的棋盘上能玩上面的游戏吗？

在网上可以找到像这样的棋盘。

月亮和星星

这个游戏很简单，但可以让你快乐好几个小时！你可以在棋盘上画出小狗和小猫、心形和花朵、月亮和星星，或者任何你喜欢的东西。

游戏规则

❶ 首先，在纸上画一个 6 x 6 的点阵棋盘（如果你喜欢的话，也可以画大一点）。

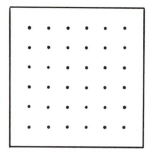

❷ 先决定谁是月亮，谁是星星。然后轮流使用不同颜色的笔在棋盘上做游戏。

❸ 轮到你时，用你的彩笔在两个点之间画一条水平的或垂直的直线段（一个格子长）。

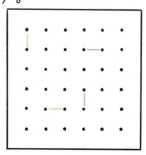

这是一款适合双人玩的游戏。

你需要什么？

◆ 一张纸
◆ 两支不同颜色的笔（每个玩家一支）

❹ 你的目标是用线段画出完整方格的四条边（不必所有的边都是你的，你只要完成最后一边就行了）。如果你做到了，你就能赢得那个方格，并在里面画上你的符号。

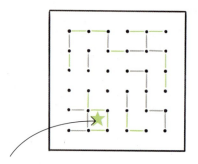

绿方（星星一方）已经完成了这个方格，他在中间画了一颗星星。

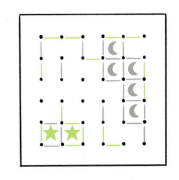

❺ 每次完成一个方格，你就可以接着走下一步。所以有时完成一个方格就意味着你可以完成下一个方格，以此类推，所以有时你甚至可以得到一连串的方格。

❻ 当你完成所有的方格后，数一下，看看谁的方格最多。

五点连线游戏

试试另一个令人着迷的小游戏！

这个游戏可以自己一个人玩，也可以两个玩家轮流玩。

游戏规则

❶ 这一次，先画一个交叉形状的点阵网格。

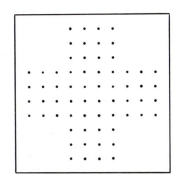

从中间的一个 4 x 4 的网格开始。
在每条边上添加一个 4 x 3 的网格。

❸ 不断添加线条，直到无法再添加下去了！你能添加多少线条？

❷ 当轮到你玩时，画一条五点长的直线条。它可以是水平的、垂直的或呈对角线形状。它可以连接 5 个现有的点，或者你也可以使用 4 个现有的点，并添加第五个点（与网格中的其他点对齐）。这些线条可以相互接触或交叉，但不能相互重复。

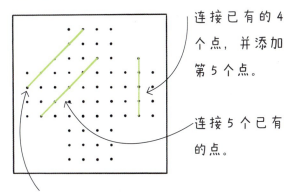

连接已有的 4 个点，并添加第 5 个点。

连接 5 个已有的点。

连接已有的 4 个点，并添加第 5 个点。

数字迷宫

这是一个由数字而不是由墙壁组成的迷宫，你必须找到通过的方法！

你可以自己或和其他人一起解决这些迷宫。当你熟悉它之后，可以为朋友或家人创造新的迷宫，让他们来破解。

游戏规则

❶ 这是你的第一个挑战 —— 一个简单的数字迷宫。和任何迷宫一样，你都要从起点开始，试着到达目的地。在这个迷宫中，要达到目的地，你必须严格遵循从 1 ～ 20 顺序排列的数字组成的一条路径。

你需要什么？

◆ 一张纸

◆ 铅笔

◆ 直尺

从这里开始

你的目的地

❷ 这是另一个迷宫，但这次你要遵循由 3 的倍数组成的递增数表组成的路径。

从这里开始

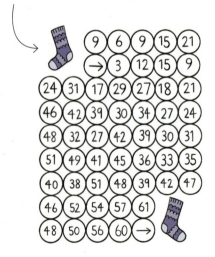

❸ 再来看看这个迷宫。这回你只能用偶数的连接来通过迷宫。

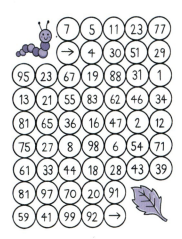

游戏中的科学

　　这些迷宫类似于第 26 页的数列游戏，但不是要你找出缺失的数字，而是从隐藏的随机数字中的某种数字序列中找出路线。

再试试如何制作你自己的迷宫！请遵循下面这些简单的规则。

❶ 用铅笔和直尺在纸上画一个正方形的网格——如果你有现成的方格纸，那就在一个矩形区块周围画一个框。

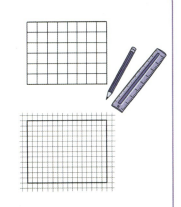

它可以是任意大小，但开始时不妨尝试 6 x 8 或 8 x 10 的矩形框。

❷ 标记起点和终点。

❸ 设计路径使它适当地蜿蜒曲折，并依次在途经的方格中填上你采用的数字序列。在这里，我们使用了 2 的倍数表。

❹ 最后，用随机数字填充其他方格。你的迷宫就设计好了！

TIC-TAC-TOE 游戏

TIC-TAC-TOE 游戏也被称为圈叉游戏或井字棋，这是一个经典的、超级简单的游戏。

这是一个双人游戏。

游戏规则

❶ 在纸上画一个简单的 3 x 3 网格，就像这样。

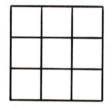

……或者像一个井字也行。

你需要什么？
◆ 一张纸
◆ 铅笔

❷ 两个玩家选择 O 或 X，然后轮流在网格中画上自己的符号。最先将自己的 3 个符号连成一条线（三连子）的就算赢了！

O 方赢了！

游戏中的科学

记住要阻止你对手的棋子形成三连子。可能的三连子常常穿过中间的方格。所以如果你是先手，最好第一步就占住中间方格！

4 × 4 的 TIC-TAC-TOE

如果你把 TIC-TAC-TOE 弄大一些会怎样呢？

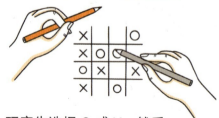

游戏规则

❶ 在纸上画一个 4 x 4 的网格。

❷ 和上面的游戏规则一样，玩家先选择 O 或 X，然后轮流填充方格——但得到三连子不算获胜，要得到四连子才算获胜。

多重 TIC-TAC-TOE

升级版的 TIC-TAC-TOE！

游戏规则

❶ 首先，画出你的网格，它应该是这样的：

一个大的井字形方块……它的每个方格中都有一个小的井字形网格

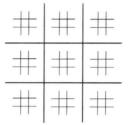

❷ 玩家 1 首先在任何一个小网格中填上他的符号。

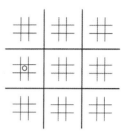

❸ 从第二步开始，每位玩家可选的位置受到上一步的限制。如右图，由于第一步玩家 1 填写的 O 处于小网格的正中，那么玩家 2 可选的位置就必须是位于正中的大网格，可以在位于正中的大网格中的 9 个小网格中任选 1 个填写 X。

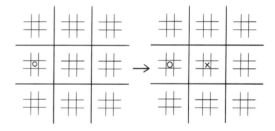

❹ 以此类推，无论哪个玩家在小网格中使用了哪个方格，都决定了下一个玩家下一步必须在对应的大网格中去选小网格。

❺ 当某位玩家赢得一个小网格时，他就在上面画上自己的符号（画粗大一点）。

❻ 如果上一个玩家的动作要求你在一个已完成的小网格上操作时，这时你可以任意选择其他网格。

❼ 如果你赢得的小网格在大方块中率先形成了三连线，那么你就赢了！

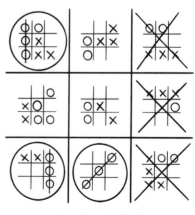

这回是 X 方赢了！

军舰游戏

射击对手的军舰，看看你能击沉多少？

准备工作

❶ 绘制你的游戏网格，如果可能的话，使用方格纸。每个玩家都需要两张网格纸（如 10×10）。它们应该是这样的。

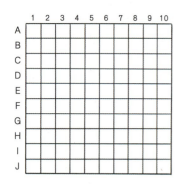

你需要什么？

◆ 纸，最好是方格纸

◆ 钢笔或铅笔

❷ 设置游戏时，让玩家看不到彼此的网格纸。例如，你们可以面对面地坐在一张桌子旁，中间用一个麦片盒作遮挡。

❸ 现在每个玩家在他的第一张网格纸上，在随机的地方画上 5 艘用方格代表的军舰。

战列舰：
4 个方格

巡洋舰：
3 个方格

潜艇：
2 个方格

运输船：
1 个方格

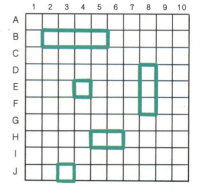

游戏规则

❶ 轮到你时，你可以通过喊出对方的网格上的一个方格的坐标，比如"F5"，来进行一次"射击"。他会告诉你是击中了他的一艘军舰，还是脱靶了（落在海里！）。

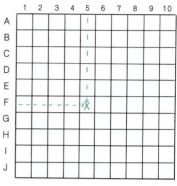

❷ 在你的第二张网格纸上记录下你的结果。如果击中，就在 F5 对应的格子中画上一个 X。如果脱靶，就画上一个 O。

我要射击方格 F5！

❸ 然后，对方玩家也射击你的一个方格。你也得告诉他是击中了还是脱靶了，并在你的第一张网格纸上标记一个 X 或 O——X 表示他击中了我的军舰的一个方格，O 表示他击中了空白处。

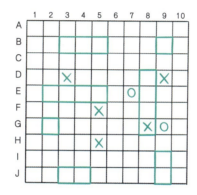

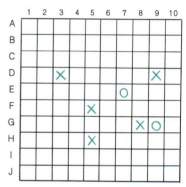

❹ 继续轮流进行，网格将填满 O 和 X。

你的四连方的战列舰是你舰队中的骄傲。

如果你的对手击沉了它，你要痛苦地大喊：

❺ 当某个玩家击中了对手的一艘船上的所有方格，表示把这艘军舰击沉了！首先击沉对方所有军舰的一方就是赢家。

你击沉了我的战列舰！

5 魔术师的游戏

滚球游戏

这个简单的目标游戏综合了瞄准技术和数字技能。

你需要什么？

◆ 一个大纸盒

◆ 剪刀

◆ 记号笔

◆ 一摞书

◆ 一些弹珠（或其他小的重球）

◆ 平坦光滑的表面，比如坚硬的地板

◆ 硬纸筒（长一些更好）

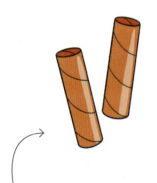

你可以用卷筒纸、锡箔纸或保鲜膜的长筒，也可以用厚纸来卷一根长纸筒。

准备工作

❶ 在成年人的帮助下，剪掉硬纸板盒顶部的盖子（不要把它们扔掉）。

❷ 将盒子翻过来，并沿着底部标记出一行 6 个隧道形状。

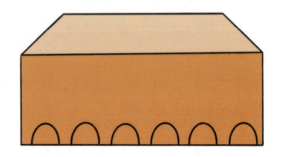

❸ 沿着画线剪开，做出 6 个孔洞，并标上数字 5，20，50，30，15 和 5。

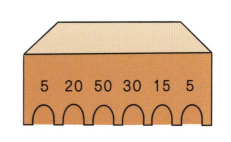

❹ 现在将你的纸筒靠在一堆书上，使它稍微倾斜。将目标箱子放在 1～2 米外，你就可以玩滚球游戏了！

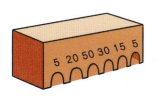

这个游戏随便多少人来玩都可以。

游戏规则

玩游戏时，将纸筒瞄准目标，然后将一个球滚下去。

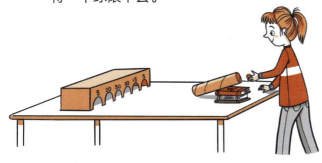

你必须刚好得到 75 分！

◆ 你一个人玩时，给自己定一个次数，比如 3～5 次，试着得到尽可能高的总分。也可以和其他玩家一起玩，看看谁能得到最高的分数。

◆ 选择一个 15～100 之间且为 5 的倍数的总分数，并挑战其他玩家，看谁能准确地得到这个总分数。

例如，要做到这一点，你必须对不同的数字进行组合来取得分数，例如，50，15 和 10，它们加起来刚好是 75。

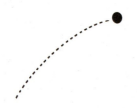

瞄准开火

这个目标游戏比上一个稍微难一些，因为你必须向空中发射炮弹，而不是沿着地面发射！

准备工作

❶ 将勺子把手的中间用橡皮圈绕几圈固定在铅笔或筷子上。

❷ 在盒子两边各打一个小洞（如果有困难，可以请一个成年人帮忙）。将铅笔或筷子的两端穿过盒子的两边。

❸ 把另一根橡皮筋的一端绑在勺子柄的末端。在成年人的帮助下，用铅笔或锋利的剪刀在盒子底部打一个小孔。将橡皮筋的另一端穿过小孔。

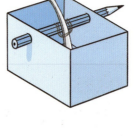

将橡皮筋的下端穿一枚回形针，然后用胶带将回形针粘住，固定在盒子底部。

这款游戏不限制人数。

你需要什么？

◆ 一个盒子

◆ 中等大小的金属勺子

◆ 铅笔或筷子

◆ 剪刀

◆ 一些橡皮筋

◆ 胶带

◆ 轻软无害的球形炮弹，如棉球、小绒球或揉皱的纸球

◆ 作为目标的小盒子或碗

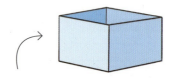

鞋盒的大小就很合适

游戏规则

❶ 现在你可以按下勺子，再放开它，让它弹起来！

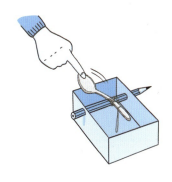

❷ 现在你需要一些目标，比如小的塑料盒、纸碗或小纸盒。给它们贴上不同的分数标签，比如 10，20，50 和 100，并放在距离射击者 2～3 米的地方。把得分较高的目标放得更远一些！

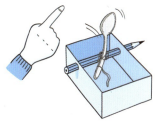

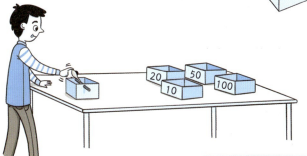

❸ 玩的时候，把小炮弹放在勺子里，瞄准目标，然后开火！看看你能得多少分？

游戏中的科学

　　这个游戏涉及一个叫弹道学的学科，而数学是其重要的理论基础。你必须计算把勺子压下去多少，才能使炮弹飞到正确的距离并击中目标。当小炮弹飞行时，它会以一种被称为弹道曲线的轨迹在空中飞行。

弹道曲线

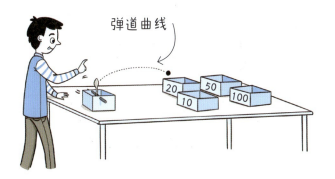

六边形游戏

这个游戏有点像多米诺骨牌，但是它的牌是六边形的！

1～4个玩家都可以玩。

准备工作

❶ 首先制作你的六边形砖块。你需要 20～30 块砖块，如果你愿意的话，也可以多准备一些。用铅笔和直尺将这个六边形模板复制到描图纸或牛皮纸上。把它剪下来，用它在硬纸板上画出六边形砖块。

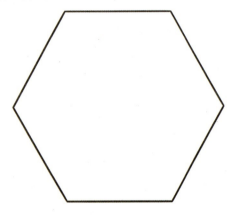

你需要什么？

◆ 硬纸板要足够薄，便于切割。

◆ 铅笔

◆ 直尺

◆ 剪刀

◆ 绘图纸或牛皮纸

◆ 不同颜色的记号笔

❷ 小心地剪下每个六边形砖块。然后在每个六边形上穿过其中心画线，连接对角线，就像这样。

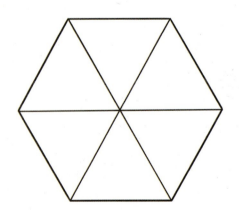

❸ 现在拿出你的彩笔，用 6 种不同的颜色来填充每个三角形。

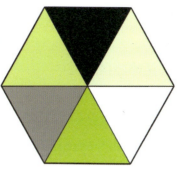

❹ 对所有的六边形都这样做。每个六边形应该有 6 个不同颜色的三角形——但颜色排列的顺序并不重要。当你有 20 个或更多的六边形时，你就可以开始玩了。

游戏规则

❶ 让玩家们平分六边形砖块。

❷ 然后双方轮流把砖块放在一个桌子上。

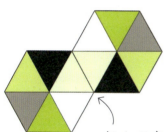

每个玩家在放置他们的砖块时，必须使相邻的三角形颜色匹配，就像这样。

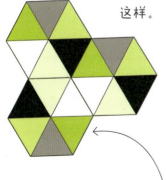

有时你也可以同时匹配两个三角形的颜色，比如这样。

❸ 如果你匹配了一个三角形的颜色，你就可以得 1 分。如果你同时匹配了两个三角形的颜色，你可以得 2 分，以此类推！当砖块都用完时，得分最高的人获胜。

金银岛

设置一条线索来揭示海岛上宝藏的隐藏位置。

设定一个隐藏的宝藏来向对方挑战——或者你们俩都可以为对方设定一个隐藏的宝藏。

你需要什么?

◆ 网格纸
◆ 直尺
◆ 钢笔或铅笔
◆ 彩色蜡笔

准备工作

❶ 首先在你的网格纸上圈出一张地图。画一个大约宽 15 厘米、高 20 厘米的大方框。如果是在方格纸上,它就已经有小方格了。如果没有,用一把尺子在方框中画你自己的水平线和垂直线,间距 1 厘米。

❷ 在顶部用数字 1 ~ 15、在侧面用字母 A ~ T 标记方格。

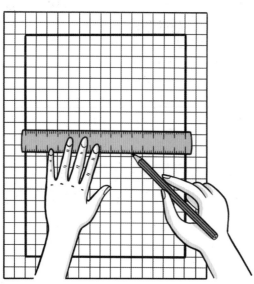

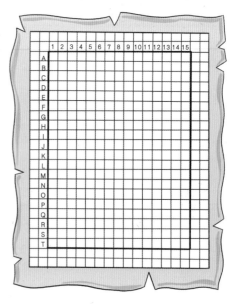

❸ 现在在你的网格中描画一张地图，这是一个无人居住的宝岛。可以添加一些细节，比如沙滩、海湾、悬崖、山脉、火山、森林或废墟之类——无论你喜欢什么。还可以画上一个方向标来显示东南西北。如果你愿意，也可以添加虚拟的地名。

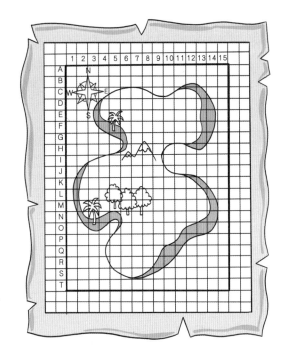

游戏规则

❶ 要玩这个游戏，你要先设定哪个方格是隐藏海盗宝藏的位置。但不要在地图上标记它，而是把它写在一张单独的纸上作为坐标——比如 I9。

*译注：这个 I 是大写的英文字母

❷ 然后给你的朋友写一套寻找宝藏的指南。

它可能是这样的：

◆ 在 K1 停泊你的船。

◆ 向东走 6 个方格。

◆ 顺时针旋转四分之一圈。

◆ 向前走 3 个方格。

◆ 现在转向北方。

◆ 沿着一条直线走到山脚下。

◆ 向左转。

◆ 后退两个方格。

◆ 你现在正站在宝藏上！

❸ 你的朋友必须严格按照说明去找到正确的方格，然后挖出宝藏。他们能做到吗？

数列点到点游戏

做一个数学的点到点谜题让朋友来解答。

准备工作

❶ 在制作自己的谜题之前，先看看它是如何工作的。

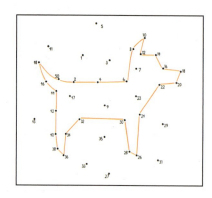

为一个朋友定制一个挑战，或者让两个或更多的朋友互相比赛。

◆ 你必须找到组成一个数列的数字，而不是仅仅连接这些点。

◆ 在这个谜题中，它是 2～50 的偶数。

◆ 首先要找到数字 2，然后从那里开始。

◆ 其次找到 4，然后在 2 和 4 中间画一条线。最后是 6，8，10，以此类推。

❷ 决定用什么作为你的图画，比如一只猫。

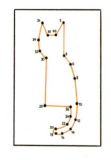

用铅笔在纸上轻轻勾画出一只猫的简单轮廓。

❸ 用钢笔，沿着轮廓线画一些点。

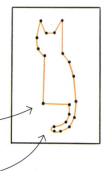

在转角处一定要画点……

……轮廓线弯曲的地方点可以多画一些点。

❹ 用一个数字序列给这些点编号。它可以是偶数数列，就像上面的例子一样，或者是其他任何数列。

❺ 现在擦掉你画的铅笔轮廓，只留下那些点和数字。

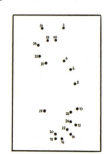

2　4　6　8　10　12　14　16　18　20　22　24 …

❻ 最后，在纸上随意填写一些其他点，并给它们标上数字——确保不要使用刚才用过的数列中的任何数字。

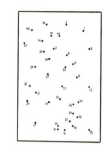

升级版的点到点游戏

这是一个更难的点到点的挑战！

游戏规则

❶ 像上一个游戏一样，用铅笔轻轻地勾画一幅简单的图画。

❷ 使用钢笔沿着线条和边角标出一些点。

❸ 然后加上你的数字，但这一次，让它们完全随机化。例如，你可以使用这些数字。

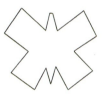

· 11　· 25　· 40　· 19　· 3　· 100　· 29　· 77 …

❹ 在你擦去铅笔线之前，用正确的顺序写下这些数字，就像这样。

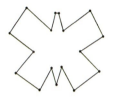

11
25
40
19
3
100
29
77

7 x 11　25 − 6
5 x 5　　5 + 6　　12 ÷ 4
10 x 4　　10 x 10

❺ 现在把每个数字变成一个算式。例如，第一个数字是11。你可以写成 6 + 5。

1. 6 + 5
2. 5 x 5
3. 10 x 4
4. 25 − 6
5. 12 ÷ 4
6. 10 x 10
7. 5 + 16 + 8
8. 7 x 11

❻ 对所有的数字都这样做，然后擦去你的铅笔线，并在图片上添加更多的点。给它们标一些随机数字，但一定不是你已经用过的数字。

你的朋友能解开这个谜题吗？

三维 TIC-TAC-TOE 游戏

你已经会玩 TIC-TAC-TOE 游戏了，但你会玩三维的 TIC-TAC-TOE 游戏吗？

这是一款适合双人玩的游戏。

准备工作

❶ 用钢笔和直尺在硬纸板上画 6 个正方形块。使它们的长和宽约为 12 厘米。在成年人的帮助下，小心地把它们剪出来。

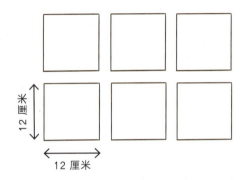

你需要什么？

◆ 纸板箱
◆ 直尺
◆ 剪刀
◆ 胶水
◆ 4 支铅笔或筷子
◆ 红色和黑色记号笔

❷ 在其中的 3 个正方形纸块上画出有 9 个方格的网格。

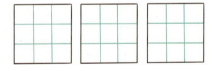

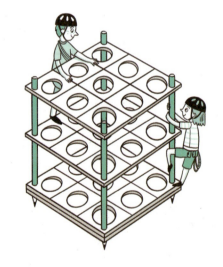

❸ 然后在这些正方形中画出圆圈。你可以用硬币作模板，这样画起来更容易。

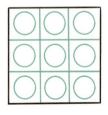

❹ 请一个成年人帮你剪掉圆圈，形成 9 个圆孔。

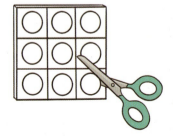

❺ 用胶水把 3 个空白的纸板粘在一起。

❻ 然后取一个有孔的正方形块，粘在 3 层的正方形上面。

❼ 现在把 4 支铅笔或筷子穿过一个带孔的正方形块的 4 个角。

❽ 然后把它们再次穿过另一个带孔的正方形块的 4 个角。

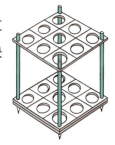

❾ 最后，把它们穿过粘在一起的正方形块的 4 个角。

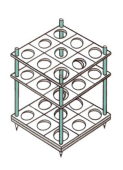

❿ 调整正方形块的排列位置，使一个在铅笔的中间，另一个在铅笔的顶部。

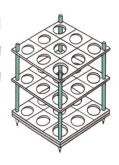

⓫ 还要做出一些棋子，用纸板剪出 15 个 O 和 15 个 X 形状的棋子（棋子要比圆孔稍大一点），用记号笔把 X 涂成红色，O 涂成黑色。

游戏规则

玩游戏时，两个玩家轮流将他们的棋子放在某一层方块的一个圆圈中，就像普通的 TIC-TAC-TOE 一样。但是有更多方法可以让你形成三连子！

你可以在同一层上构造三连子

◆ 或者在三层的同一列上构造三连子

◆ 或者在三层的某一条对角线上构造三连子

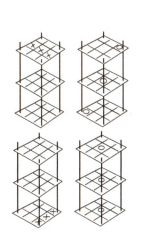

剪刀棋游戏

这是一个来自中国的传统游戏。

这是一个双人游戏。

游戏规则

❶ 在纸上画一条大约 12 厘米长的线。再加两条长度相同的线，形成一个正方形的 3 条边。

❷ 在中间添加两条对角线。然后把所有的交点都设置成节点。

你需要什么?
◆ 纸
◆ 铅笔
◆ 直尺
◆ 4 枚棋子，各 2 枚

❸ 2 种颜色的棋子，每种各 2 枚，可以使用纽扣，也可以用其他游戏的棋子。

❺ 在每个回合中，你必须沿直线将一枚棋子移动到空的节点（不能越过一个点，也不能跳过别的棋子）。

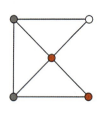

❹ 每个玩家选择一种颜色的棋子，把棋子放在起始位置，就像这样:

❻ 继续轮流进行，直到有一个玩家被卡住，不能移动就算输了。

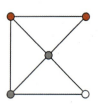

游戏中的科学

　　这个游戏有可能一直玩下去，没有人会赢。但如果你犯了一个错误，你就可能会被卡住，输掉比赛。

夏威夷的鲁鲁游戏

这个有趣的游戏使用了 4 枚棋子，谁能赢完全取决于运气！

准备工作

❶ 把硬币放在硬纸板上画 8 次，剪出 8 个圆片。把它们两两粘在一起，做成 4 个较厚的棋子。

任意几个人玩都可以。

你需要什么?

◆ 厚纸板
◆ 铅笔
◆ 剪刀
◆ 胶水
◆ 钢笔
◆ 一枚大一点的硬币

❷ 在棋子的一面，依次画出这 4 个图案，上面的点数代表分数。

游戏规则

玩家们轮流投掷棋子，每个回合每位玩家有连续两次的投掷机会。

◆ 第一次投掷：投掷出所有的 4 枚。如果有棋子落地后图案朝下，则捡起图案朝下的棋子，再次投掷。

◆ 如果在第一次投掷时，所有棋子图案朝上，玩家得 10 分，并用这 4 枚棋子进行第二次投掷。

◆ 将两次投掷的分数相加，计为玩家在此轮的得分。

先达到 100 分者获胜！

SHISIMA 游戏

这款来自肯尼亚的游戏就像TIC-TAC-TOE和剪刀棋游戏的结合。

准备工作

❶ 比赛是在一个八角形的棋盘上进行的，有 8 条直线通向中间，中间有一个小湖。看起来就像这样：

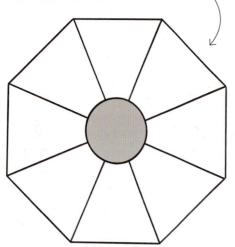

这是一款双人游戏。

你需要什么?

◆ 纸张
◆ 铅笔
◆ 直尺
◆ 钢笔
◆ 6 枚棋子，3 枚是一种颜色，另外 3 枚是另一种颜色

❷ 用直尺和铅笔把棋盘复制到纸上，然后将中央的小湖涂成深色。至于棋子，可以用纽扣，也可以用其他游戏的棋子，或者自己用纸板和有颜色的纸做。

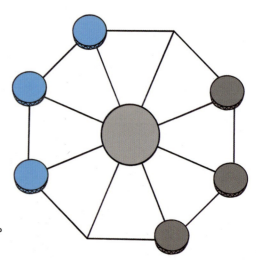

❸ 将双方的棋子放在棋盘上，面对面形成对峙。

游戏规则

❶ 每个玩家选择一种棋子。决定谁先走，然后轮流走棋。

当轮到你走棋时，你可以将一枚棋子移动到旁边空着的角上，或者移到中间的小湖上。

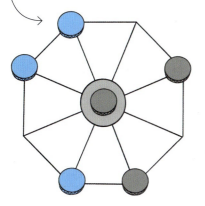

❷ 获胜的玩家必须是首先将自己的 3 枚棋子连成一条直线，当然其中一枚肯定是在中间。

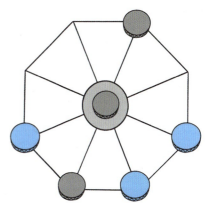

你一次只能移动一步，而且也不能跳过别的棋子。

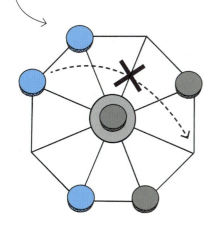

游戏中的科学

要想赢得比赛，你需要将一个棋子放在中间的小湖上。但如果你过早地移动到中间位置，你可能会被卡住，不得不再次将棋子从小湖中移出去，这样反而给了对手将棋子偷偷溜进去的机会！玩几次后，你就会开始领悟到获胜的策略。

单人跳棋

把你的棋子通过互相跳过的方法移出棋盘，直到只剩下一枚为止。

这是一款单人游戏。

准备工作

❶ 剪出一块大约25厘米的正方形硬纸板。

你需要什么？

◆ 硬纸板

◆ 剪刀

◆ 铅笔

◆ 直尺

◆ 记号笔

◆ 32 枚小硬币、纽扣或其他游戏的棋子

❷ 在硬纸板的中间，画一个正方形的框，每边大约 17.5 厘米。

❸ 用铅笔将正方形等分成 7 行 7 列。线条之间应相距约 2.5 厘米。

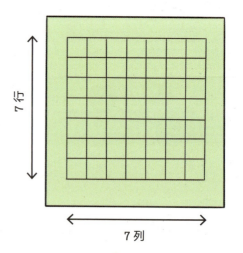

7 行

7 列

❹ 每个角落的 4 个格子不是游戏区域，现在用一支记号笔，把它们涂上阴影，在棋盘其他格子中加一个黑点来形成这个图案。

❺ 现在棋盘上可用的有 33 个格子，但你只有 32 枚棋子。除了最中间的点，在每个点上放一枚。一切准备就绪后，就可以开始玩了。

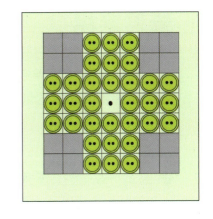

你的棋盘已经准备好了！

游戏规则

❶ 下棋时，拿起一枚棋子，将它跳过旁边的一枚，水平或垂直方向都可以，进入一个空的方格。然后从棋盘上取出那枚被跳过的棋子。

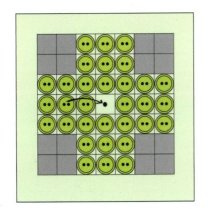

走第一步时，因为只有一个空格，所以你必须跳进那个空格。但随着越来越多的棋子被取出，你就有了更多的选择。

❷ 你的目的是从棋盘上移出所有的棋子，只留下最后一枚。

游戏中的科学

这听起来很容易，但要小心！稍不留意你可能就会将一枚棋子放在了远离其他棋子的地方，导致你不能跳过它，进而无法将它从棋盘上移出。

滚筒密码

　　滚筒密码是一种制造秘密编码信息的神奇装置。这种古老的加密术最早是古希腊人发明的。

使用滚筒密码来制作密码信息，让你的朋友或家人来解密。

游戏规则

❶ 剪出一些 1～2 厘米宽的长条纸。制作这种纸条的方法是沿着一张打印纸的一边一直剪下去。

❷ 要制作你的编码信息，请取一个长长的纸筒——如卷筒纸中间的硬纸筒就很合适。

❸ 将纸条的一端粘到硬纸筒的一端上。

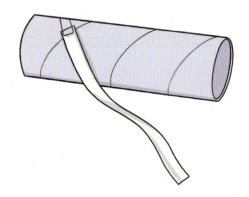

你需要什么？

◆ 纸

◆ 剪刀

◆ 胶带

◆ 笔

◆ 圆柱形的物体，如硬纸筒

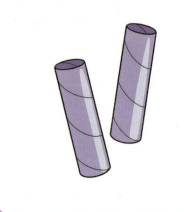

❹ 然后将纸条螺旋式地整齐地缠绕在纸筒上。

❺ 现在你可以在纸管上横着写下你的秘密间谍信息，纸条宽度只写上一个单独的字母。

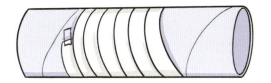

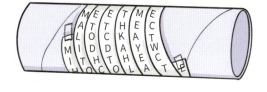

❻ 轻轻地将纸条从纸筒上展开取下，并整齐地折叠起来，这样你的信息中的字母就被打乱了。

❼ 现在，纸条上的字母几乎不可能被理解。读取信息的唯一方法就是将纸条再次缠绕在原来的圆柱体——或者另一个具有完全相同直径的圆柱体上。

如果你使用的圆柱体大小不对，就读不出原来的信息！

要像希腊人那样给遥远的人发送信息，双方都需要有相同大小的圆柱体。你用你的圆柱体来编码，他们用他们的圆柱体来解码。

❽ 你还可以给你的朋友提供几种不同大小的圆筒，并要求他们通过找到正确的一个圆筒来解读你的信息。

雅典
由此去！ →

6 多人团队游戏

BUZZ 游戏

这个游戏能神奇地帮助你们记住乘以 7 的乘法表！

游戏规则

❶ 所有人站成一圈，依次把球或小沙包扔给小组中的下一个人。当开始扔给下一人时，从 1 起喊出一个数。所以第一个投掷者喊"1"，下一个投掷者喊"2"，以此类推。（有人接丢了也没关系，只要捡起来就能继续玩！）

你需要什么？

◆ 一个小球，比如网球，或者其他容易扔出或接住的物品，比如装有豆子的小布袋

◆ 找一个站得下所有人围成的大圈子的空间

巴兹！

这个游戏是为两人以上的多人团队而设计的。

❷ 然而，当轮到 7 的乘法表中的一个数字时，你就不能喊出数字来。你得喊"BUZZ!"（中文发音"巴兹"）。

❸ 如果有人忘记了，喊出了数字，其他人就会喊"BUZZ!"，这个人就出局了。

你还可以试试这个!

当然，这也适用于其他乘法表。当你们可以熟练地完成 7 的乘法表的游戏后，可切换到另一个乘法表，比如 5，8 或 11 的乘法表。如果还觉得这太容易了，那就试着从 100 开始向后数吧!

乘法表

需要快速记忆吗? 这些是 7 的乘法表中的数字。

1 2 3 4 5 6 ⑦ 8 9 10 11 12 13 ⑭ 15 16 17 18 19 20 ㉑ 22 23 24 25 26 27 ㉘ 29 30 31 32 33 34 ㉟ 36 37 38 39 40 41 ㊷ 43 44 45 46 47 48 ㊾ 50 51 52 53 54 55 ㊶ 57 58 59 60 61 62 ㊿ 64 65 66 67 68 69 ⑦⓪ 71 72 73 74 75 76 ⑦⑦ 78 79 80 81 82 83 ⑧④ 85 86 87 88 89 90 ⑨① 92 93 94 95 96 97 ⑨⑧

升级版的 BUZZ 游戏

也许你可能已经看出，这款游戏类似于 BUZZ 游戏，但会更难一些。

游戏规则

❶ 这一次，你不能只记住一种乘法表，你要同时记住两种乘法表。例如，你可以尝试 7 的乘法表和 10 的乘法表。

❷ 规则和 BUZZ 游戏一样，但是你轮到 7 的乘法表或 10 的乘法表中的数字时，都不能喊出数字，而要喊"BUZZ!"。

❸ 如果数字同时出现在两种乘法表中，比如数字 70，你只能大喊"MULTI-BUZZ!（发音"马提巴兹"），否则你将出局!

背靠背游戏

这是一个速算游戏！

你需要什么？

◆ 黑板或白板（或者你用纸贴在墙上写字也行）

◆ 粉笔或记号笔

◆ 一个计算器

这个游戏最适合一个 20 人或以上的大团队来玩，比如全班同学一起玩！

游戏规则

❶ 选择两名选手互相对抗。他们必须背靠背，互相看不到对方的脸，站在墙或木板前面。其余的人则面对墙坐着，这样他们就能看到墙上写的什么了。

❷ 小组中选出一人为"发令人"。他大声喊："开始！"，两个选手各自在旁边的墙上写一个数字。他们必须背靠背，这样他们就看不到对方的数字。

❸ 现在，发令人马上把这两个数字相加或者相乘（如果有困难，可以使用计算器），然后说出答案，告诉台上的两位参赛者。

或者

两个数字相加等于 10！

两个数字相乘等于 21！

❹ 现在这两个参赛者必须尽可能快地找出另一个玩家的数字！他们已经知道自己的数字是什么，所以可以将对方的数字算出来。

❺ 获胜者是首先叫出对方数字的人。获胜者可以留在台上，而失败者与新的选手交换。

我的数字是 3，21 是 3x7……那他的数字必须是 7！

谁能在台上停留最久的就是"背靠背"比赛的冠军！

猜出我的数字

谁能先猜出这个秘密数字呢？

准备工作

对于这个游戏，你将需要一个 10 x 10 的网格，并列出从 1 ~ 100 的所有数字。它可以画在一张大纸上，或者画在白板或黑板上，或者所有的玩家都可以有他们自己的小版本的网格。

1	2	3	4	5	6	7	8	9	10
11	12	13	14	15	16	17	18	19	20
21	22	23	24	25	26	27	28	29	30
31	32	33	34	35	36	37	38	39	40
41	42	43	44	45	46	47	48	49	50
51	52	53	54	55	56	57	58	59	60
61	62	63	64	65	66	67	68	69	70
71	72	73	74	75	76	77	78	79	80
81	82	83	84	85	86	87	88	89	90
91	92	93	94	95	96	97	98	99	100

你需要什么？

◆ 白板、黑板或大张的纸

◆ 记号笔，如果你使用的是黑板，那就用粉笔

这个游戏适合 5 个人或更多的玩家。

游戏规则

❶ 其中一个人被推选为"出题者"。他在脑海里选定一个 1 ~ 100 的数字。

❷ 一旦他选择了数字，其他玩家就会轮流询问他关于这个数字的问题。他们也可以做出一些猜测，比如：

是 45 吗？

或者他们可以问一个更模糊一些的问题，比如：

❸ 每当出题人回答问题后，可以在表格上标记出可能或不可能的数字。例如，假设问题是"它小于 30 吗？"

1	2	3	4	5	6	7	8	9	10
11	12	13	14	15	16	17	18	19	20
21	22	23	24	25	26	27	28	29	30
31	32	33	34	35	36	37	38	39	40
41	42	43	44	45	46	47	48	49	50
51	52	53	54	55	56	57	58	59	60
61	62	63	64	65	66	67	68	69	70
71	72	73	74	75	76	77	78	79	80
81	82	83	84	85	86	87	88	89	90
91	92	93	94	95	96	97	98	99	100

如果答案是否定的，那么出题者就会划掉所有在 30 以下的数字。

❺ 最后，你可以把它缩小到只有几个数字，它将变得更容易猜测。第一个猜对它的人会成为下一个出题人，并想出一个数字让其他人猜。

❹ 如果下一个问题是"它是 10 的倍数吗？"如果答案是肯定的，那么它必须是 30，40，50，60，70，80，90 或 100。所以出题人就将这些数字画上圈。

1	2	3	4	5	6	7	8	9	10
11	12	13	14	15	16	17	18	19	20
21	22	23	24	25	26	27	28	29	⃝30
31	32	33	34	35	36	37	38	39	⃝40
41	42	43	44	45	46	47	48	49	⃝50
51	52	53	54	55	56	57	58	59	⃝60
61	62	63	64	65	66	67	68	69	⃝70
71	72	73	74	75	76	77	78	79	⃝80
81	82	83	84	85	86	87	88	89	⃝90
91	92	93	94	95	96	97	98	99	⃝100

如果每个人都有自己的小网格本，那么他们可以自己在数字上画 X 或画〇。

还可以试试这样玩！
你可以在没有表格的情况下玩这个游戏——比如在乘车旅行时玩。当然，这要困难得多，因为你必须试着记住所有的问题和答案，以及它可能和不可能的数字。

数到30

数到 30？这听起来太容易了，对吧？然而在这个游戏中，你并不想成为那个必须数出"30"的人！"

这个游戏最好有 10 ～ 20 个玩家。

你需要什么？

◆ 和一群朋友一起玩

◆ 有大脑就行

游戏规则

❶ 大家围成一圈，然后选择一个人来开始报数，从 1 开始。

❷ 每人可以报一个数，也可以选择连着报 2 个或 3 个数字。

❸ 绕完一圈，大家继续从最后一个数字接着报数，轮到的每个人都可以选报 1 个、2 个或 3 个数字。

所以游戏可能是这样的：

❹ 那位最终不得不报出"30"的人就出局了。继续重新开始玩，直到只剩下两个人参加战斗时为止！

慢慢出现的数字

你画的数字能瞒住你的观众吗？

这个游戏适合全班同学一起玩。

游戏规则

❶ 挑选一个人被选为慢慢画的数字艺术家，即出题人。

❷ 他（或她）从 0～9 中选择一个数字，然后慢慢地把它一点一点地画在黑板上，所以很难马上分辨出它是什么数字。

你需要什么？

◆ 黑板、白板或在墙上贴一张纸

◆ 粉笔或记号笔

例如，开始时可以先画一个半圆，就像这样。

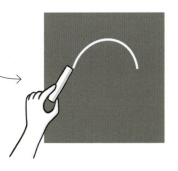

这可能是 2，3，5，6，8 或 9 的一部分。

慢慢地再加一点……

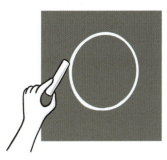

仍然可以是 6，8 或 9 中的一部分。也可能是已经完成的 0？

❸ 继续慢慢地添加你的数字的图案。

❹ 第一个喊出正确答案的人就会成为下一个出题人。

韦恩图游戏

这个游戏是关于韦恩图的——韦恩图是一种把对象分类的实用方法，经常被数学家使用。

什么是韦恩图？

韦恩图使用重叠的圆圈来给对象分类。这里有一个将数字分类的例子。

这个韦恩图有两个部分重叠的圆圈。

这个圆圈是20以内的平方数。（什么是平方数？请参见第6页！）

这个圆圈是20以内的奇数。

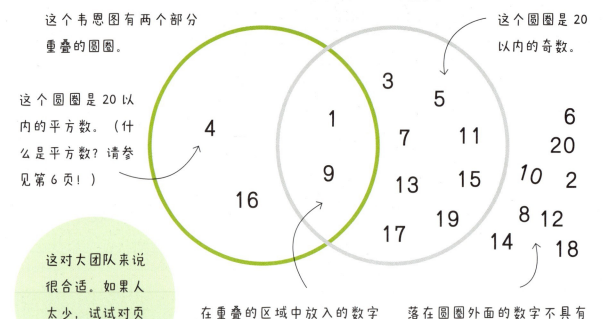

这对大团队来说很合适。如果人太少，试试对页的桌面版本。

在重叠的区域中放入的数字同时具有以上两种性质。

落在圆圈外面的数字不具有以上两种性质之一。

你需要什么？

◆ 一个大的户外空间，如操场或运动场
◆ 可以围成圆圈的东西，如粉笔、绳子、小旗帜或小圆锥筒

游戏规则

❶ 在地面上画出两个重叠的大圆圈。

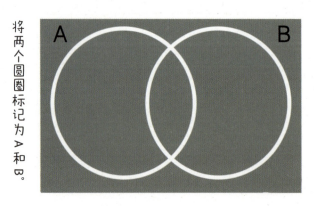

将两个圆圈标记为 A 和 B。

❷ 一个发号令的人喊出这两个圆圈的某种要求：

"喜欢狗的人到 A 圈！"

"喜欢猫的人到 B 圈！"

❸ 数 1，2，3，每个人都必须跑到正确的地方。如果你喜欢猫或狗，你就去 A 圈或 B 圈，但不要站在重叠的区域。如果你两者都喜欢，你就去两圈的重叠的区域。如果你都不喜欢，你就待在外面！

下面还有其他一些选择：

A 圈 = 喜欢西兰花

B 圈 = 喜欢西红柿

A 圈 = 喜欢露营

B 圈 = 喜欢篮球

A 圈 = 有棕色的头发

B 圈 = 戴眼镜

还可以试试这样玩！

用绳圈在桌面上围出两个相交的圆圈。在纸片上写一些形容词，揉成团放进容器混合好，然后抽出其中的两张纸团。比比谁能找出符合要求的物品！

绿色物体

圆形物体

这个绿色的纽扣又绿又圆！   这块破砖头什么都不是。

过一会儿你会发现什么？在某个圆圈中的每个物体得 1 分，在韦恩图重叠部分的一个物体得 5 分。

超级宾果游戏

这个游戏需要提前准备一些东西。

这是为 5 ~ 10 人的团队准备的，再加上一个宾果发令人。每个玩家都需要他们自己的宾果卡。

准备工作

❶ 为每个玩家剪出一块边长大约 12 厘米的正方形硬纸板。

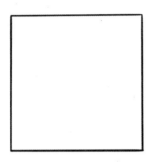

你需要什么?

◆ 平面纸板　　◆ 纸和笔

◆ 剪刀　　　　◆ 杯子

◆ 直尺　　　　◆ 每位玩家一支笔

❷ 在每张卡片上，画一个包含 9 个方格的 3 x 3 网格。

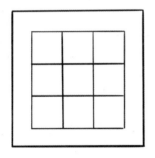

❸ 把数字 1 ~ 20 写在一张纸上，然后把它们剪切成单独的数字。并把它们放在一个杯子或盒子里，使劲摇一摇。

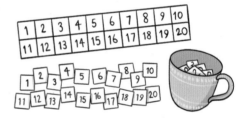

❺ 将它们复制到其中一张卡片上，就像这样：

❹ 从杯子中随机挑选 9 个数字。

例如，你可能选择了以下 9 个：

2	15	4
18	11	7
8	16	20

2	15	4
18	11	7
8	16	20

❻ 继续做同样的事情来制作所有的卡片——但是对于每一张新卡片都检查一下，以确保它和另一张卡片上的数字不完全相同。所有的卡片上都应该有不同的数字组合，这就是大家的宾果卡。

2	6	17
12	3	5
14	8	1

14	3	18
11	19	4
7	10	2
20	1	5

| 9 | 10 | 2 |
| 15 | 4 | 8 |

1	7	12
20	5	18
11	3	6

❼ 接下来，在一个列表中写入数字1～20。在每个数字的旁边，编写出一个等于这个数字的数学算式——就像这样：

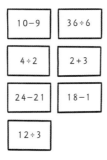

1	10-9
2	4÷2
3	24-21
4	12÷3
5	2+3
6	36÷6
7	18-11

继续写完直到20

❽ 把这个列表剪成纸条，每条有一个单独的数学算式。

10-9	36÷6
4÷2	2+3
24-21	18-1
12÷3	

❾ 然后从杯子中拿出所有的数字块，并把所有的数学算式纸条都放进去！

游戏规则

❶ 给每个人发一张宾果卡和一支笔。

2	15	4
18	11	7
8	16	20

❷ 发令人随机地从杯子中拿出一个算式，然后读出来。（注意只读算式不读答案！）

24 – 21

❸ 所有玩家都尽快算出算式的答案，并检查它是否在他们的宾果卡上。如果有，就在宾果卡上画掉这个数字。

❹ 发令人一直在抽签并报出算式，最终，总会有一个玩家率先画掉自己宾果卡上的所有数字。这时他（她）就大喊"超级宾果！"并赢得比赛！

超级宾果！

甲壳虫游戏

这是一个著名而有趣的数学游戏。
第一个画出甲壳虫的人就是赢家！

游戏规则

❶ 玩家们坐在一张桌子周围或在地板上围坐成一圈，然后轮流玩。

❷ 当轮到你时，你就掷骰子。根据你掷出的数字，你可以开始画你的甲壳虫或添加其他部位。

❸ 骰子的不同点数代表着甲壳虫的不同部位。

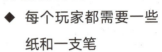

你需要什么？

◆ 每个玩家都需要一些纸和一支笔

◆ 一枚骰子，大家共用

不论多少人都可以玩甲壳虫游戏，但2～10个玩家会更合适。

1= 身体

2= 头部

3= 一条腿（共6条）

4= 一只眼睛（共2只）

5= 一根触须（共2根）

6= 尾部

❹ 你必须先掷出一个1才能开始绘制甲壳虫，因为你首先需要一个身体，然后才可以附加甲壳虫其他部分到它的身体上。所以当你掷出一个1时，就画出甲壳虫的身体。

⑤ 在你的下一轮,你可能会掷出一个3, 这意味着你可以加上一条腿。

⑥ 但在你添加眼睛或触须前,你必须 先掷出一个 2,画上一个头。

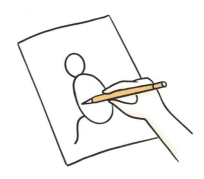

如果你什么也画不了怎么办?

如果你掷出了一个你不能使用的点数,你就只能等你的下一轮了。

例如,如果你在得到一 个 2 之前掷出了一个 4, 你不能画出任何东西, 因为这时你的甲壳虫还 没有头呢。

或者你可能有一只甲壳 虫已经有了 6 条腿,你 就不能再画腿了。

如果你又掷出了一个 3, 这时你不能再加一条腿, 所以你只能等待你的下 一个回合。

101 游戏

这是一个基于骰子的两支团队的对抗游戏，在游戏中你要争取达到101，但不能超过它！

游戏规则

❶ 每个队选出一名记分员，将分数记录在纸上。

❷ 两支团队轮流上场比赛。在每个回合中，他们选择一个人掷骰子，并喊出他们掷出的数字。

3 点！

❸ 每次掷骰子时，团队都可以选择直接用这个数字还是将它乘以10。例如，如果你掷出一个3，你把它当作3或30使用都可以。

任何数量的人都可以分成两队来比赛。例如，如果你有20个人，那就分成两个10人的队伍。

= 3　　或　　= 30

❹ 我们的目标是把你的团队得到的所有分数加起来，试着达到101分，但不要高于101。

❺ 在游戏开始时，你将会想要使用 10 乘以点数来快速增加总分数。但当你接近 101 时，你将需要更小的数字！

❻ 如果你刚好达到 101 分，你的团队就赢了这一局。但如果你的队超过了 101 分，就会输掉这一局。

骰子点数	得分	总分
⚄	50	50
⚁	20	70
⚅	6	76
⚄	10	86
⚄	10	96
⚀	1	97
⚃	3	100

❼ 如果你已经接近 101，比如 97 或者 100 时，你就会有失败的风险。所以，这时每个团队都可以决定是否要停下来，以保持他们的总分数。如果发生这种情况，得分最接近（但不超过）101 分的团队将获胜。如果他们都得到相同的分数，那就算平局。

101 的胜负

其实每场比赛都非常快，所以你可能想要继续比赛，这时可以比较每支球队赢得比赛的场数。

连数游戏

这是一个超级简单、有趣的、紧张而喧闹的团队数字游戏。

准备工作

　　将 20 张大纸板分成两组，一组 10 张，用记号笔在每组上写下数字 0～9。让这些数字尽可能地大而清晰。

你需要两支队参赛，每支队至少有 4 名队员，外加一个发令者来喊出口令——所以至少有 9 个人。

游戏规则

❶ 把卡片分成两套，然后给每个队一套卡片。

❷ 游戏玩法很简单！发令人想出一个数字并大声喊出来。第一个拿出卡片来显示这个数字的队会赢得一分。例如，发令人可能会选择一个三位数 472。

472!

❸ 每个队的成员必须尽快找到上面有 4，7，2 张的 3 张卡片，然后 3 人排成一排，每个人都拿着一张卡片。当然，从发令人和对方团队的角度来看，他们必须按照正确的顺序排列。

❹ 发令人选择的数字可以是任意数位的数字，但最多不超过每个队的人数——这样才会有足够的人拿卡片。所以如果每个队有 4 个人，发令人喊出的数字可以是 1，2，3 或 4 位数字。

❺ 如果每个队有更多的队员，发令人也可以使用更长数位的数字。

❻ 但是，由于每个团队每个数字只有一个，发令人选择的多位数的各个数字必须是不同的。例如，你可以使用 6371，但不能使用 6333——因为每队只有一张带有 3 的卡片。

37 游戏

这是一个看起来有些傻气的数字游戏，但它会让你得到完美的数学体验！

准备工作

在开始之前，写一个 6 ～ 10 行带数字编号的列表（记得不要用 37 这个数字编号），表示每个数字将代表的运动。小组成员可以一起来提出想法并商定内容。

可以是任何数量的玩家，加上一个发令人来喊出数字。

你需要什么？

◆ 白板或纸板

◆ 一面墙壁

◆ 记号笔或铅笔

◆ 胶带

```
10  上下跳动
21  转动两圈
 3  拍手
15  双手抱头
99  叫出你自己的名字
 7  坐在地上
42  全体沉默
```

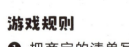

游戏规则

❶ 把商定的清单写在白板或纸上，挂在墙上，让每个人都能看到它。

❷ 每个人都站在空地上，等待发令人从列表中喊出一个数字。

❸ 一旦你听到了一个数字，你就必须快速地做出对应的动作。

❹ 最后一个完成动作的人将出局，必须在旁边等待（或者他们可以去帮助发令人）。

10!

❺ 当只剩下一个人时，他（她）就是赢家！

37
因为这是一个特殊的数字。如果发令人喊出了 37，你就必须把所有的动作从头到尾都做一遍！

赶快！！

游戏中的科学

　　当你第一次开始玩游戏时，游戏会进行得很慢。你不会记得所有的数字和它们代表的含义，所以你必须对照一下列表。但是玩得越久，你就会玩得越快！

词汇表

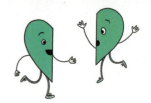

策略游戏 需要玩家运用策略和逻辑来赢得游戏的活动，这类游戏往往涉及决策制定、概率计算和对手行为预测，是一种简单的博弈。

基数 10 一种使用 10 个数字的数字系统，这 10 个数字是从 0 到 9。

基数 2 一种只使用两个数字的数字系统，这两个数字是：0 和 1。

二进制 基数为 2 的计数系统，而不是通常的基数为 10 的计数系统（十进制）。

周长 围绕圆周一圈的长度。

直径 过圆周上两点并穿过圆心的直线长度。

概率 对一个事件发生的可能性的度量，概率的值总是在 0 到 1 之间，包括 0 和 1。0 表示事件不可能发生，1 表示事件一定会发生。

加密术 将消息或其他信息转换为密码的过程。

倍数 如果一个数能够被另一个数整除，那么这个数就是另一个数的倍数。

分数 以整数的比例来表示数字或数量的一部分。例如，四分之三（3/4）意味着 4 个相等的部分中的 3 个。

六边形 有 6 条直边的多边形。

水平线 左右延伸的线或图形，比如地平线。

数学家 研究数学的专家学者。

五边形 有 5 条直边的多边形。

π 一个小数，大约为 3.141592，是圆的周长除以直径的结果。

质数 一个大于 1 的自然数，它只能被 1 和它本身整除，如 17。

证明 用推导来说明数学中的一种思想或理论是正确的。

半径 从一个圆的圆心到圆周上一点的长度。

直角 90 度的角，如正方形的一个角。

密码筒 一种用于发送密码信息的圆柱形工具。

半圆 圆周的一半。

数列 可以根据规则预测下一个数字的一系列数字。

斯穆特测量值 长度为 1.702 米，以麻省理工学院学生奥利弗·斯穆特的名字命名。

平方数 一个数字乘以自身得到的数字，如 9（即 3 x 3）。一个平方数数量的点可以排列成一个正方形的点阵。

对称图形 一半是另一半的镜像的图形。

七巧板 由正方形切成的 7 个小图板组成的玩具，可以用来组装成各种形状的图案。

镶嵌图形 可以在平面上无限地、无缝且不重叠地拼接的图形块。

韦恩图 一种使用相交的圆来表示如何将对象分成不同类别的图形。

垂直 两条直线、线段或射线相交时，它们之间的角度为 90 度（直角）的关系。

整数 没有小数部分的数，可以是正数、负数或零。

答案

第27页：（1）1 2 4 8 16 32 64（每次都将前面的数字增加一倍）

（2）1 4 9 16 25 36（后两个数字的差比前面两个数字的差大2）

（3）1 2 4 7 11 16 22 29 37（后两数字的差比前面两数字的差大1）

（4）0 1 1 2 3 5 8 13 21 34（每个数字都由将前面两个数字相加而得）

第40页：

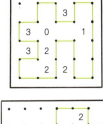

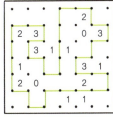

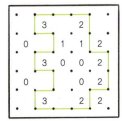

第41页：

（左）

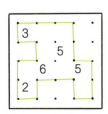

第41页：

（右）

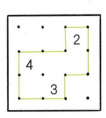

第43页：

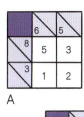

第 46 页：三角形、六边形和宽 H 形都可以作为镶嵌图形。

第 47 页：五边形和菱形可以作为镶嵌图形。

第 49 页：

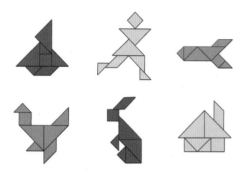

第 55 页：

你好

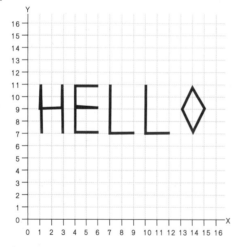

第 57 页：这个正方形有 38 个三角形，而六角星中有 34 个三角形。

第 59 页：b，d，c

第 82-83 页：

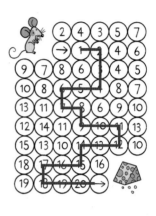

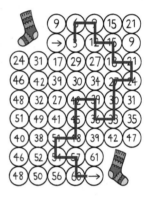

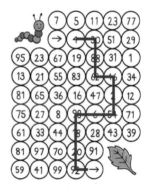